OCÉANOGRAPHIE

(DYNAMIQUE)

PREMIÈRE PARTIE

PAR

M. J. THOULET

PROFESSEUR A LA FACULTÉ DES SCIENCES DE NANCY

Avec 62 figures

PARIS

LIBRAIRIE MILITAIRE DE L. BAUDOIN

IMPRIMEUR-ÉDITEUR

30, Rue et Passage Dauphine, 30

1896

OCÉANOGRAPHIE

(DYNAMIQUE)

PREMIÈRE PARTIE

OCÉANOGRAPHIE

(DYNAMIQUE)

PREMIÈRE PARTIE

PAR

M. J. THOULET

PROFESSEUR A LA FACULTÉ DES SCIENCES DE NANCY

Avec 62 figures

PARIS

LIBRAIRIE MILITAIRE DE L. BAUDOIN

IMPRIMEUR-ÉDITEUR

30, Rue et Passage Dauphine, 30

1896

OCÉANOGRAPHIE

(DYNAMIQUE)

VAGUES ET COURANTS

I

GÉNÉRALITÉS.

Si un observateur, dans une embarcation isolée au milieu d'un lac, par une belle journée calme, jette les yeux autour de lui, il voit la surface de l'eau s'étendre de tous côtés en une nappe aussi unie qu'un miroir. Le vent commence-t-il brusquement à souffler, aussitôt apparaît une suite de phénomènes nouveaux.

Il suffira à l'observateur d'abandonner au voisinage de l'eau quelques flocons légers d'ouate pour constater par la course irrégulière, surtout dans le sens vertical, de ces flotteurs aériens, que la masse d'air en mouvement, qui est le vent, ne progresse pas d'une seule pièce au-dessus du lac, mais que son frottement contre l'eau détruit en quelque sorte son homogénéité physique et y produit des irrégularités de courants.

La surface de l'eau, tout à l'heure parfaitement lisse, se couvre de rides. Elles ne s'étendent pas régulièrement d'un bout à l'autre du lac, en lignes parallèles comme il arriverait si l'air, en masse compacte, homogène, exerçait son frottement sur l'eau elle-même en masse compacte et homogène ; elles se disposent en séries, combinaisons d'un creux et d'un relief ; elles sont courbes, respectivement limitées et imbriquées.

Chacune de ces rides (*fig.* 1) présente la forme d'un bourrelet ; comme ses extrémités ont leur vitesse ralentie tant à cause du remous de vent que par suite du frottement de l'eau superficielle en mouvement contre la couche liquide immédiatement sous-jacente encore immobile et aussi de l'accélération de vitesse de la portion médiane de la vaguelette, elle prend bientôt une certaine obliquité

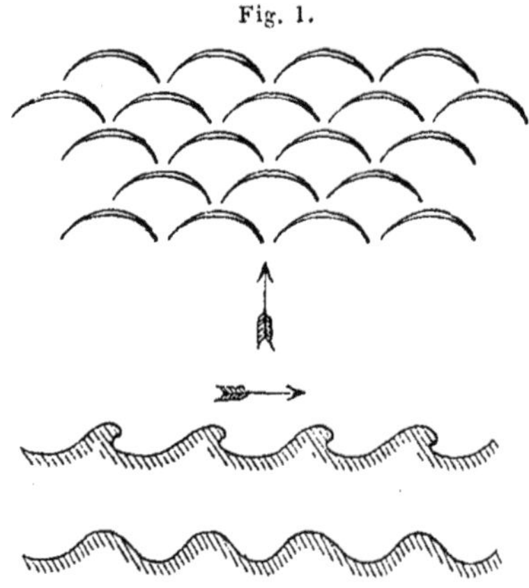

Fig. 1.

par rapport à la direction de la brise, et offre une moindre prise à celle-ci, de sorte que le bourrelet saillant y est bas et peu épais. Au contraire, le milieu de la ride faisant face au vent lui laisse plus de prise et progresse par conséquent plus vite. D'ailleurs, l'action du vent s'y exerce plus profondément, chasse en avant une plus grande quantité d'eau, et le bourrelet se dresse à une hauteur plus grande. L'ensemble présente un aspect un peu analogue à la trace imprimée par un coup de pouce donné obliquement sur une pâte molle.

Bientôt la force du vent devient incapable de maintenir le talus liquide ; en même temps les molécules superficielles, ayant achevé de gravir la pente, chavirent par leur propre poids de part et d'autre de la crête ; la hauteur du bourrelet cesse d'augmenter ; la coupe des vaguelettes devient dissymétrique ; leur surface, lisse d'un côté, est frisée du côté opposé. Un simple bouchon, lesté de manière à être complètement immergé, employé comme flotteur et abandonné sur l'eau, s'éloigne de plus en plus en accomplissant une série d'oscillations dans le sens vertical.

Le vent se continuant sans changer son intensité, les vaguelettes n'augmentent pas de hauteur puisque celle-ci dépend de cette intensité qui est restée la même. La seule modification est une régularisation de la forme de chaque vaguelette qui tend à devenir plus rectiligne en se soudant avec une ou plusieurs de ses voisines. Mais jamais il ne se produit de stries rectilignes parallèles et, à quelque moment qu'on abandonne des flotteurs aériens, on ne constate l'homogénéité de la masse d'air.

Si le vent cesse subitement, on observe la disparition immédiate de la frisure des vagues du côté abrité ; la section des ondulations devient plus symétrique et les stries se soudent davantage entre elles de façon à simuler de longues séries régulières. C'est une véritable houle. Au commencement, un bouchon flottant progresse encore horizontalement ; il finit bientôt par s'arrêter et n'exécute plus que des oscillations verticales sur place qui, après un certain temps, s'éteignent, elles aussi, lorsque le lac a repris sa surface parfaitement unie.

Les mêmes phénomènes se remarquent sur la mer, quoique moins nettement, par suite de nombreuses causes de perturbations, telles, par exemple, que la masse plus considérable de l'eau, sa surface plus vaste, les variations de la profondeur, la disposition topographique des rivages et surtout les variations brusques que le vent éprouve dans sa direction et son intensité.

On conclut de ces observations que l'action du vent sur l'eau produit les vagues ; ce mouvement se décompose : verticalement il donne naissance à la houle et horizontalement au courant. Déjà, vers 1772, Franklin [1] avait reconnu et établi ces faits.

Nous étudierons successivement :

1° La houle, qui est essentiellement un mouvement d'oscillation verticale des molécules d'eau, sans progression horizontale ;

2° Le courant, qui est essentiellement un mouvement de progression horizontale des molécules d'eau sans oscillation verticale ;

3° Les vagues, à la fois causes et conséquences de la houle et des courants, mouvements infiniment complexes de l'eau, sous l'influence immédiate des variations plus ou moins capricieuses du vent et aussi des interférences. La vague qui soulève un navire au milieu de l'Océan est la résultante du vent qui souffle en ce moment même en cet endroit, de celui qui y soufflait les jours précédents, de celui

---

[1] Franklin, *Phil. Transact. for the year* 1774, vol. LXIV. P. II, *of the stilling of waves by means of oil.*

qui souffle à dix, vingt, cinquante, cent milles de là, sur tout le bassin océanique, de celui ou de ceux qui y soufflaient les jours précédents, de la profondeur de l'eau, de la distance à la côte, de la disposition des continents voisins, des courants, des marées, des actions réciproques de ces divers éléments de perturbations et de bien d'autres encore.

La vague, plus qu'aucun autre phénomène naturel, est une équation unique à un nombre pour ainsi dire infini de variables qui, sauf dans certains cas très exceptionnels, échappe à l'observation, à la mesure, à l'étude isolée et directe. Au point de vue théorique, nous décomposerons donc le mouvement total, tel qu'il s'effectue sur les flots, en ses multiples mouvements élémentaires et nous chercherons, par l'analyse et par la synthèse, les lois qui régissent chacun d'eux. Nous reconnaîtrons ainsi que l'influence capitale est celle de l'ondulation qui est progressive ou fixe ; nous nous occuperons en dernier lieu des courants. Dans cet exposé, nous essayerons de conserver au mieux l'ordre logique, sans oublier toutefois que la nature s'inquiète peu des classifications et laisse agir simultanément les diverses causes en proportions relatives le plus souvent différentes, de sorte que l'une ou l'autre d'entre elles prédomine selon les circonstances. L'ordre que l'on s'efforce de mettre dans un exposé didactique n'est jamais qu'un artifice destiné à rendre un compte plus net des faits et à permettre d'en conserver aisément le souvenir. Nous commencerons par la description des procédés servant aux navigateurs pour mesurer les vagues, en conservant à ce mot sa signification vulgaire [1].

[1] Peu de sujets ont donné lieu à un nombre de travaux aussi considérable que le mouvement des vagues : marins, ingénieurs et savants de toutes les nations se sont occupés de la question, et cette multitude même de travaux prouve combien le phénomène est impossible à élucider avec une complète précision. Un ouvrage très instructif à consulter est celui du commandant Cialdi, de la marine pontificale, *Sul moto ondoso del mare*, Roma, 1866. En France, on cite les noms d'Aimé, de Saint-Venant, de Caligny, Couvent des Bois, Reech, Bertin, de Bénazé, Antoine, Pâris, Mottez, Boussinesq et d'autres encore. Le fait d'impossibilité étant établi, je me tiendrai à peu près uniquement dans le domaine de l'expérimentation, et je chercherai moins à étudier le phénomène dans son ensemble qu'à montrer les éléments qui le composent et causent sa complexité. Lorsque, sur la mer, les observateurs jugeront qu'il se présente dans des conditions spéciales de simplicité, quand par suite de circonstances particulières, le nombre de variables en action sera minimum, ils essayeront de mesurer expérimentalement l'ensemble réduit de ces variables, et ils les résumeront sous forme de tableaux ou de courbes, afin de servir à ceux qui, pour des applications pratiques, ont besoin de connaître la vérité d'aussi près qu'il est possible, quoique empiriquement.

Appareils et méthodes de mesure.

Dans toute vague, on distingue :

1. La *vitesse* V ou espace parcouru en une seconde par la crête de cette vague.

2. La *longueur* λ ou distance comprise entre les crêtes de deux vagues se suivant. On confond souvent la longueur avec la *largeur* qui est l'étendue de la crête même de la vague, c'est-à-dire la dimension de celle-ci dans la direction perpendiculaire à la direction de la propagation.

3. La *période* T ou durée en seconde du temps séparant le passage de deux points correspondants appartenant à deux vagues successives, crêtes ou creux, au même point fixe.

4. La *hauteur* $2h$ ou distance verticale entre le point le plus haut et le point le plus bas d'une vague.

Mesure de la vitesse. — Le bâtiment étant immobile, deux observateurs se placent à une distance connue l qui pourra être, par exemple, la longueur du navire; le premier note le passage de la crête d'une lame devant lui et ensuite le temps t écoulé jusqu'au moment où le second observateur prévient par un signal que la même crête est maintenant arrivée devant lui. On divise alors l'espace par le temps :

$$V = \frac{l}{t}.$$

Si le bâtiment est en marche avec une vitesse de V_t m par seconde, on a évidemment :

$$V = \frac{l}{t} \pm V_t.$$

On emploie le signe $+$ lorsque le navire s'avance contre les lames, puisque la vitesse observée de la vague est alors trop faible par suite de l'espace parcouru par le navire lui-même, et le signe $-$ pour le motif inverse, lorsque la lame arrive par la hanche, c'est-à-dire que le navire avance dans le sens même des vagues.

Dans le cas où la quille ferait avec la direction de propagation des lames un angle θ qui doit être inférieur à 45° sous peine d'obtenir un résultat inexact, on multiplierait la vitesse trouvée par cos θ.

$$V = \left(\frac{l}{t} \pm V_{1}\right)\cos\theta.$$

Soit, par exemple, un navire marchant avec la lame sous un angle $\theta = 20°$, possédant une vitesse $V_{1} = 5$ m par seconde (environ 10 nœuds); une vague a mis $t = 4$ secondes à parcourir la longueur $l = 48$ m, séparant deux observateurs. La vitesse de cette lame sera :

$$V = \left(\frac{48}{4} - 5\right)0.94 = 6,58 \text{ m par seconde.}$$

On peut encore mesurer directement la vitesse des lames par la ligne de loch. On file le bateau de loch jusqu'à ce que la houache se trouve sur une crête au moment où l'arrière du navire est lui-même sur la crête suivante; on note le temps que met une crête à parcourir la longueur de ligne filée qui représente d'ailleurs la longueur de la vague; la vitesse est le quotient de la division de cette longueur par le temps.

Mesure de la longueur. — Si la longueur est plus petite que le bâtiment, celui-ci étant immobile, deux observateurs s'éloignent l'un de l'autre jusqu'à ce que les crêtes de deux lames successives passent simultanément devant chacun d'eux et ils mesurent ensuite la distance qui les sépare.

Si la longueur est plus grande que le bâtiment, celui-ci étant immobile, on commence par mesurer la vitesse V, ainsi qu'il vient d'être dit, et on multiplie par la durée de la période T, mesurée comme il sera indiqué plus loin :

$$\lambda = VT.$$

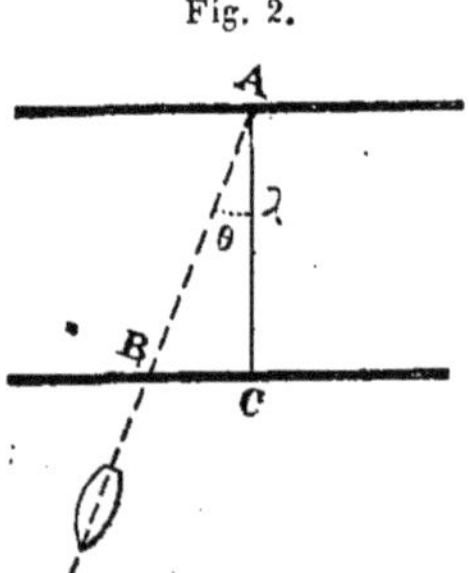

Le bâtiment étant en marche et faisant un angle θ avec la direction des lames, le procédé le plus simple est encore de mesurer au loch la longueur oblique AB d'une crête (*fig.* 2) à la crête suivante et de calculer la longueur de la vague par la formule :

$$AC = \lambda = AB\cos\theta.$$

Mesure de la période. — Pour mesurer la période T, si le navire est immobile, l'observateur immobile lui-même, note sur une montre à secondes ou mieux sur un compteur à pointage, les deux instants où deux crêtes successives ont passé devant lui. On a évidemment :

$$T = \frac{\lambda}{V}.$$

Si le bâtiment est en marche oblique par rapport aux lames, on mesure, comme il est indiqué précédemment, les vraies valeurs de λ et de V et on les introduit dans la formule.

Mesure de la hauteur. — Pour mesurer la hauteur des vagues, au moment où le navire se trouve au plus profond du creux, on s'élève dans la mâture jusqu'à ce qu'on puisse faire coïncider la crête de la vague avec l'horizon. La hauteur de la vague est alors égale à celle, facile à connaître directement, de l'œil au-dessus de la flottaison.

Lorsque deux bâtiments naviguent de conserve et dans des directions parallèles, si les dimensions de leurs mâtures sont bien connues, on emploie quelquefois le procédé de Wilkes[1], qui consiste à mesurer de l'un des navires, sur la mâture de l'autre (*fig. 3*), la

Fig. 3.

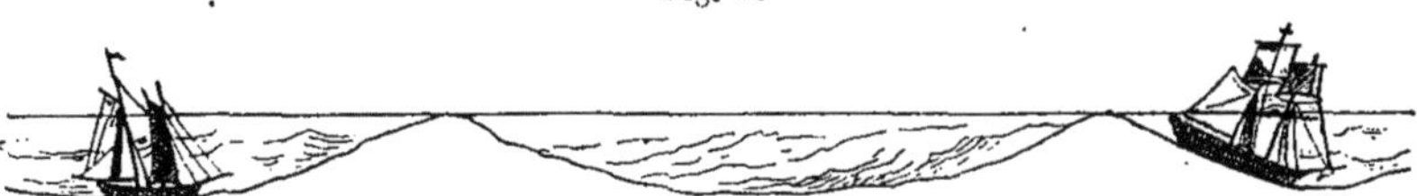

hauteur maximum à laquelle s'élève le plan passant par l'œil de l'observateur et les crêtes de toutes les lames intermédiaires.

Fig. 4

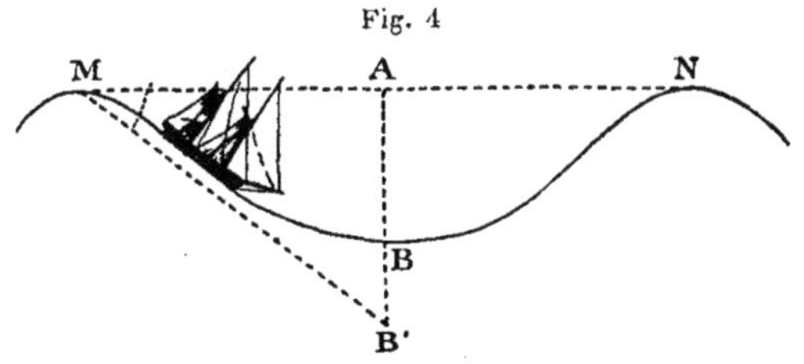

A bord de la *Novara*[2], le bâtiment ayant sa quille perpendiculaire à la vague (*fig. 4*), on mesurait la distance MN $= \lambda$, l'angle

[1] Wilkes. *United States exploring Expedition*, t. I, p. 135.
[2] *Novara expedition ; Erzählender Theil*, I, p. 114.

maximum $AMB' = \omega$ d'inclinaison du navire dans son mouvement de descente et on prenait pour hauteur de la vague la valeur :

$$2\,h = \frac{1}{2}\,\lambda\,\text{tg}\,\omega.$$

L'évaluation est alors évidemment exagérée, car on obtient AB' au lieu de AB.

Le Dr G. Neumayer a essayé, sans beaucoup de succès, de mesurer la hauteur des lames à l'aide d'un baromètre anéroïde très sensible et muni d'un micromètre.

Enfin, si les vagues sont petites, on lit la hauteur à laquelle elles s'élèvent sur une échelle graduée verticale disposée à l'extérieur du bâtiment et qu'on examine en se penchant par un sabord.

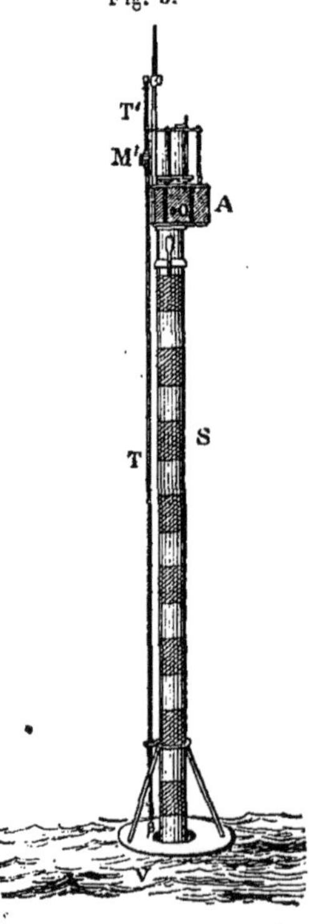

Trace-vagues Pâris. — Le trace-vagues[1] se compose d'une perche de sapin S (*fig.* 5) longue de 11,60 m, chargée en bas de 29 kilog de plomb enroulé pour présenter moins de surface. Quand la perche flotte debout, il en reste 2,50 m au-dessus du niveau de l'eau calme. Un flotteur V, en liège et chêne superposés de 0,30 m de diamètre, glisse librement le long de la perche passée dans un trou central. Des guides le maintiennent horizontal. Si la perche flotte en mer agitée, elle demeure immobile parce que les déplacements accidentels, en plus ou en moins, de l'eau qui monte ou descend, ne produisent pas un effet assez grand ni assez durable pour vaincre l'inertie de la perche qui, pour conserver cette propriété, doit naturellement être d'autant plus longue que la mer à mesurer est plus grosse. Les choses étant ainsi disposées, on voit le flotteur monter

[1] MM. Pâris père et fils. *Note sur un trace-roulis et sur un trace-vagues.* Comptes rendus de l'Académie des sciences, t. 64, p. 734. 1867.

et descendre le long de la perche dont la graduation permet d'apprécier les mouvements de la mer. Afin d'en conserver une trace écrite, un tube en caoutchouc T est fixé au flotteur et vient s'unir à un petit chariot M' conduit par des guides et portant un crayon. De ce chariot traceur part un second caoutchouc T', attaché à une potence à coulisse et destiné à faire varier la hauteur du point fixe. Si la longueur des deux caoutchoucs est, par exemple, l'une de 2 m en bas et l'autre de 0,20 m en haut, les mouvements du traceur auront des amplitudes qui seront le dixième de celles du flotteur. Il ne reste donc plus qu'à conserver une trace permanente de ces mouvements, ce qui est facilement obtenu au moyen d'un mouvement d'horlogerie A, entraînant avec une vitesse régulière une bande de papier de 12 à 15 m de long qui vient présenter tous ses points devant le crayon. Pour opérer, on met d'abord la perche à l'eau en la tenant un peu immergée le long du canot ou du navire ; on passe le flotteur avec le caoutchouc attaché de longueur convenable, puis on met l'instrument sur le sommet de la perche où il est maintenu par des crochets à ressort et on l'abandonne sur les vagues. Si la perche n'est pas à son niveau moyen, elle a un mouvement propre que l'expérience en eau calme a prouvé ne pouvoir durer une minute ; alors on néglige le commencement du tracé.

Les dénivellations de la surface de l'eau sont exactement exprimées, mais on n'en possède pas la forme réelle et, suivant les vitesses de déroulement du papier, le tracé s'en éloigne ou s'en rapproche. Pour avoir un tracé exact, il faut le corriger de la longueur des vagues.

La figure 6 représente la courbe d'une vague prise le 4 décembre 1866 près de la baie de Sainte-Anne (goulet de Brest), par un fort

Fig. 6.

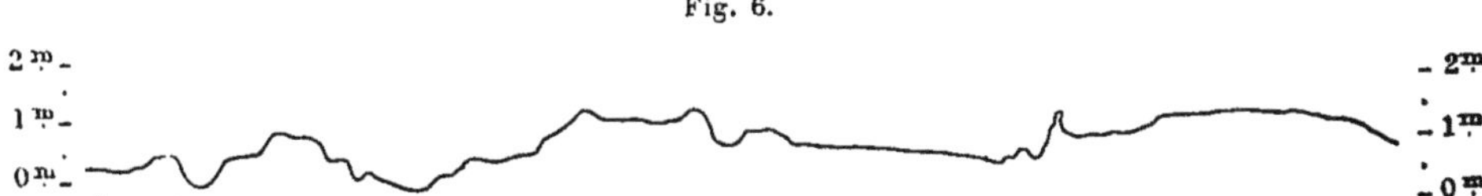

jusant, vent frais de S. W., mer très dure, vitesse des lames 8 m par seconde. L'échelle verticale indique des mètres et les divisions horizontales correspondent à des intervalles de une seconde. La figure 7 représente le profil vrai de la mer de la figure 6, les ordonnées et les abscisses étant ramenées à la même échelle.

Fig. 7.

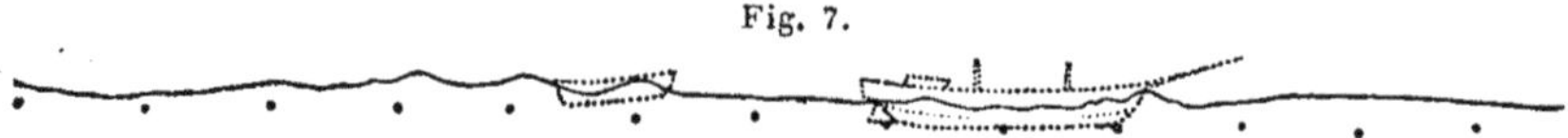

Ce n'est que jusqu'à des lames de 2 m à 2,50 m que l'on peut admettre que l'immobilité de la perche est complète; au delà, son mouvement devient sensible. La perche flottant sur une mer d'une hauteur maximum de 3,5 m, le mouvement, c'est-à-dire l'erreur, en a été trouvé expérimentalement de 10 à 12 p. 100 au moins. On peut corriger le tracé ou plutôt l'instrument lui-même en l'allongeant ou en diminuant sa section à la flottaison. Avec 15 ou 16 m on aurait l'immobilité sur des vagues de 3,5 m de hauteur verticale.

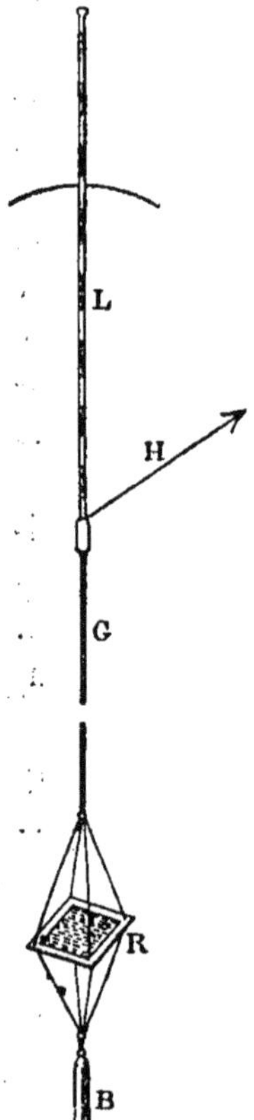

L'appareil serait probablement beaucoup plus stable si l'on y ajoutait l'ancre de l'appareil de Froude.

Trace-vagues Froude. — L'appareil [1] est basé sur la diminution très rapide que subit en profondeur le mouvement des vagues. Il se compose (*fig.* 8) d'une perche de bois L graduée, à l'extrémité inférieure de laquelle est amarrée une corde G aussi longue que possible portant une ancre R formée par un cadre carré en bois de chêne huilé R sur lequel est tendue de la toile à voile. Un poids B maintient la perche à demi immergée. L'appareil est relié à l'embarcation ou au navire par une cordelette H. La perche reste immobile dans l'eau agitée et on lit sur sa graduation la hauteur atteinte par les vagues. Il serait aisé et très avantageux d'adapter à l'appareil le flotteur et l'enregistreur Pâris.

On peut encore enregistrer la hauteur des vagues aux marégraphes,

Fig. 8.

L

H

G

R

B

---

[1] **White**, *Manual of naval Architecture*, p. 161.

ce qui est parfois intéressant, en reliant le crayon traceur à un second traceur muni d'un style métallique extrêmement fin, laissant sa trace sur une bande de papier au blanc de zinc ou au blanc de plomb, fixée et repérée sur le cylindre. La ligne obtenue est assez nette et assez fine pour être étudiée et mesurée sous le microscope.

Un baromètre enregistreur très sensible, à mouvement suffisamment accéléré, immergé dans des conditions convenables, inscrirait les variations de pression de la colonne d'eau au-dessus de lui et par conséquent les variations de hauteur de cette colonne, c'est-à-dire la hauteur des vagues.

Ces divers dispositifs seront décrits ultérieurement.

II

ONDULATIONS.

Mouvement ondulatoire, oscillatoire ou vibratoire. — Au sein d'un corps homogène, quand une molécule reliée à d'autres molécules par une somme de forces attractives est, en conséquence, d'une impulsion brusque qui lui est communiquée, écartée de sa position de repos, elle se met en mouvement avec une certaine vitesse et s'éloigne des molécules voisines. Comme pendant ce temps celles-ci ne cessent pas d'exercer leur action sur la molécule en mouvement, elles en retardent de plus en plus la vitesse qui finit par devenir nulle à une certaine distance. Mais les forces attractives agissant alors avec une puissance croissante, la particule est obligée de revenir à sa position initiale. Elle s'y trouve dans les mêmes conditions qu'au départ ; elle continue donc son mouvement, quoique dans une direction opposée, avec une vitesse décroissante qui finit par s'annuler pour augmenter de nouveau en sens inverse jusqu'à ce que la particule se retrouve dans des conditions absolument identiques à celles où elle était au début du phénomène. Elle a achevé une ondulation, oscillation ou vibration et aussitôt elle en recommence une seconde pareille à la première, une troisième, une quatrième et ainsi de suite indéfiniment si l'on fait abstraction des résistances dues aux frottements.

Ce mouvement est illustré par le pendule (*fig.* 9). Si on communique à la bille M une vitesse V dans la direction MA, elle parvient

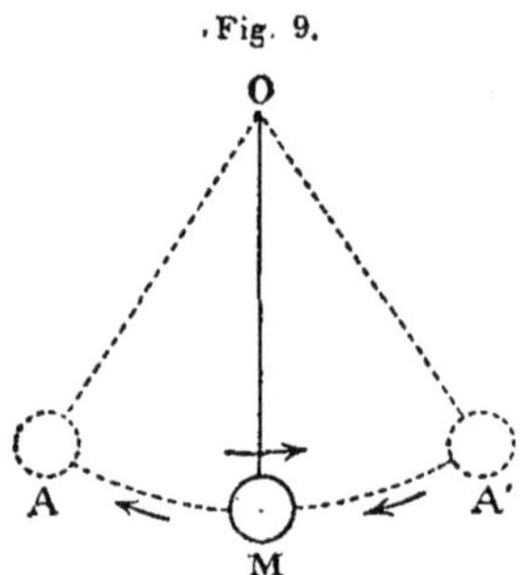

en A avec une vitesse décroissante jusqu'à être nulle, descend de A en M avec une vitesse croissant de zéro à V, continue sa route en sens inverse de M en A', avec une vitesse décroissant de V à zéro, redescend de A' en M avec une vitesse croissant de zéro à V et, après avoir accompli ainsi une oscillation complète, elle se trouve dans les mêmes conditions qu'au départ. Elle continue par conséquent la série de ces oscillations absolument identiques les unes aux autres et indéfiniment si l'on pouvait supprimer le frottement du fil et la résistance de l'air.

La grandeur de l'oscillation ou onde, c'est-à-dire le chemin parcouru par la particule oscillante est l'*amplitude ;* l'état du mouvement en un point quelconque du trajet accompli par elle est la *phase ;* le temps nécessaire pour l'accomplissement d'une oscillation entière est sa *durée ;* l'*intensité* est la mesure de la force qui a chassé la particule de sa position d'équilibre ; elle est proportionnelle à l'amplitude. Enfin la distance d'une position quelconque à la position d'équilibre est l'*élongation*.

Lorsque, dans une file de particules, chacune accomplit individuellement une ondulation, deux cas sont à considérer, celui de l'ondulation progressive (*fortscheitende Schwingung*) et celui de l'ondulation fixe (*stehende Schwingung*).

L'ondulation progressive ou translatoire est celle dans laquelle les particules se meuvent successivement, leur mouvement ne se propageant que dans une seule direction. Tel est le mode d'ondulation d'une corde maintenue fixe par l'une de ses extrémités et à laquelle on communique une secousse par l'autre extrémité. La houle est une ondulation progressive.

Dans l'ondulation fixe, toutes les particules manifestent en même temps une égale tendance à s'approcher et à s'éloigner alternativement de la position de repos. C'est le mode de vibration d'une corde raidie à ses deux extrémités et à laquelle on fait rendre un son ; celui de l'air dans un tuyau d'orgue, celui de l'eau dans les seiches. Les particules sont alors poussées hors d'une position de repos qu'elles abandonnent toutes en même temps et avec la même force pour s'en rapprocher de nouveau. Elles n'éprouvent aucun arrêt dans leur mouvement. Il se crée ainsi une série d'ondes également larges, composées de nœuds et de ventres et chacune de ces ondes, après le même intervalle de temps, recommence le trajet précédemment suivi par elle, de sorte que le phénomène se continue identique à lui-même aux mêmes points.

L'ondulation progressive, comme l'ondulation fixe, est longitudinale, transversale ou rotatoire. Elle est longitudinale quand les particules se meuvent dans la direction de la longueur du corps vibrant; les ondes sonores sont des ondulations progressives longitudinales. Elle est transversale lorsque les particules se meuvent dans la direction de la plus petite dimension du corps vibrant comme on le voit sur une corde de violon tendue par ses deux extrémités. Enfin, elle est rotatoire si les particules sont animées d'un mouvement de rotation. Nous n'avons point à nous occuper de ces derniers cas.

Le mouvement vibratoire est susceptible de se manifester au sein de tous les corps de la nature, solides, liquides et gazeux. Les dimensions des ondes peuvent être de toutes les grandeurs depuis les ondes des liquides qui sont assez considérables pour être aisément suivies par l'œil jusqu'aux ondes très petites du son, de la chaleur et des diverses couleurs de la lumière, du rouge extrême au violet extrême.

Auges à ondulations. — Les ondulations des liquides s'étudient au moyen de la petite auge, de la grande auge et de l'auge cylindrique.

La petite auge (*fig.* 10) employée par les frères Weber consistait en une planche de bois longue de 1,80 m terminée aux deux extré-

Fig. 10.

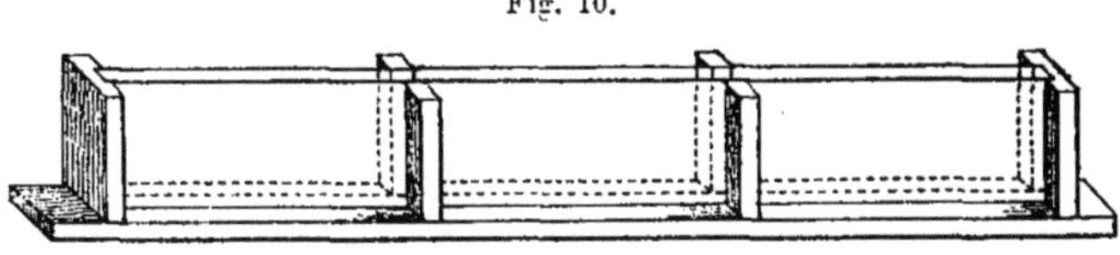

mités par deux montants pleins et munie de quatre montants latéraux

soutenant deux lames de verres verticales parallèles de 1,70 m sur
0,22 m et écartées l'une de l'autre de 20 mm.

La grande auge (*fig.* 11) avait le même aspect; elle était cependant plus longue (1,95 m) et plus haute (0,81 m); les lames de verre écartées de 25 mm étaient soutenues par quatre planches reliées à

Fig. 11.

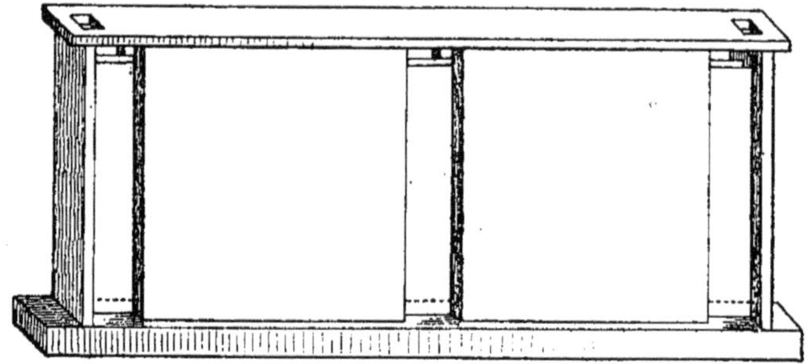

leur partie supérieure par une pièce horizontale percée de deux ouvertures, de sorte que l'on n'apercevait que le milieu et les deux extrémités des glaces mesurant 1,60 m sur 0,80 m. L'appareil était ainsi beaucoup plus solide.

On remplit les auges avec un même liquide ou des liquides différents, eau, mercure, lait, alcool coloré, huile, etc. ; on provoque un mouvement ondulatoire en introduisant à une extrémité un tube large ; on aspire le liquide avec la bouche jusqu'à une hauteur déterminée et on le laisse retomber brusquement. On examine alors à travers les glaces les ondulations vues sur leur tranche. Souvent pour les mieux suivre, on immerge dans le liquide des fragments d'un corps ayant la même densité, tel que de l'ambre dans l'eau,

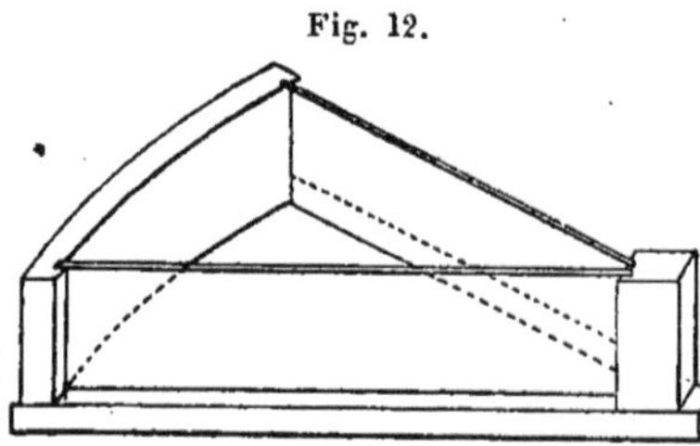

Fig. 12.

par exemple, et on suit les mouvements qu'ils exécutent, soit à l'œil nu, soit au moyen d'un microscope. On en note la durée sur un compteur à pointage.

Les observations relatives à la largeur des ondulations se font dans une auge en secteur cylindrique (*fig.* 12), à fond en bois, fermée latéralement par une paroi circulaire en bois et par deux glaces verticales, de 80 cm de longueur sur 8 cm de hauteur environ, se réunissant suivant une arête.

On réussirait certainement à étudier les ondulations et à conserver la représentation des lois constatées par l'emploi de la méthode de photographie instantanée qui a servi à M. Marey. On placerait devant l'auge à parois parallèles un réseau régulier de fils se croisant à angle droit et on photographierait simultanément ce système d'ordonnées et d'abscisses, l'auge et un ou plusieurs flotteurs en suspension au sein du liquide dont ils auraient la densité. Comme cinq points permettent de calculer une courbe, il suffirait de prendre cinq photographies instantanées à intervalles de temps connus et de somme égale à la durée totale du phénomène.

CHAPITRE PREMIER.

ONDULATION PROGRESSIVE.

Forme de l'ondulation : mouvement et propagation du mouvement des molécules liquides. — En opérant avec l'auge [1], on constate que les ondulations ont la forme d'inégalités de la surface symétriques au-dessus et au-dessous de la surface de niveau horizontale du liquide.

Dans chaque ondulation $ac\,d\,e\,f$, on distingue (*fig.* 13) un espace plein acd ou *Plein* (*Wellenberg*) situé au-dessus du plan de niveau,

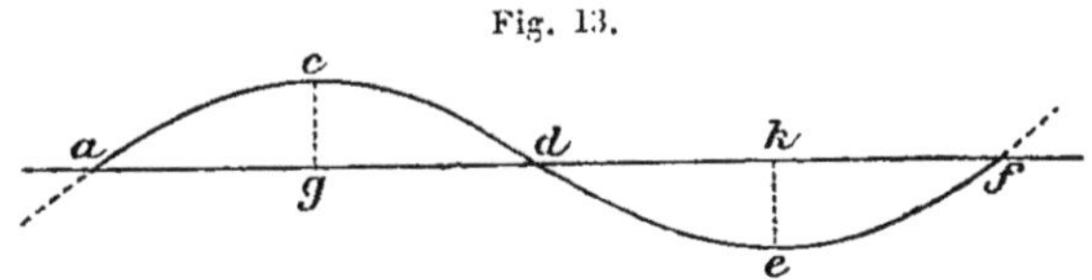

Fig. 13.

et un espace vide def, *Creux* ou *Vallée* (*Wellenthal*) situé au-dessous. Chaque plein possède une *Hauteur* cg, une *Longueur* ad et une *Largeur* ; chaque creux une *Profondeur* ek, une *Longueur* df et une

---

[1] Voir, pour tout ce qui a rapport aux expériences sur les ondulations, le magnifique travail de Ernst Heinrich Weber et Wilhelm Weber, *Wellenlehre auf Experimente gegründet oder über die Wellen tropfbarer Flüssigkeiten mit Anwendung auf die Schall-und Lichtwellen*, Leipzig, bei Gerhard Fleischer, 1825.

Largeur. La *Longueur totale* [1] de l'ondulation est la somme des distances $ad + df$ du plein et du creux. La largeur des pleins et des creux est la dimension, mesurée suivant une ligne droite ou courbe, qu'ils présentent dans la direction perpendiculaire à celle suivant laquelle on a mesuré leur largeur. La ligne droite ou courbe joignant tous les points les plus élevés d'un plein ou les plus bas d'un creux se nomme la *Crête* (*Rücken*) dans le premier cas et le *Fond* (*Thalhöhle*) dans le second. L'*avant* et l'*arrière* d'une ondulation sont pris par rapport à la direction de propagation du mouvement. La hauteur de l'ondulation est la somme des hauteurs du plein et du creux.

La surface courbe d'un plein est convexe et celle d'un creux concave ; la convexité passe à la concavité par une gradation insensible.

L'observation des poussières solides flottant au sein d'un liquide de même densité et accomplissant une ondulation montre que les trajectoires des molécules sont très sensiblement des ellipses dont le plan est vertical. La forme des ellipses se rapproche d'autant plus de celle d'une circonférence que les molécules en mouvement sont plus éloignées du fond et est d'autant plus aplatie que ces molécules sont plus voisines du fond. Les ellipses sont d'autant plus petites que les particules sont situées plus profondément au sein du liquide. Il en résulte que, dans un vase de profondeur infinie, comme la mer, les ellipses sont des cercles.

L'observation à l'œil nu ou au microscope indique que l'agitation des particules se produit encore à une profondeur au-dessous de la surface du liquide égale à 350 fois la hauteur de l'ondulation.

La progression d'une ondulation résulte de ce que les molécules d'eau se mettent en mouvement les unes après les autres horizontalement dans la direction de cette progression et simultanément pour les molécules situées sur une même file verticale.

Le diamètre de la trajectoire circulaire d'une particule à la surface est égal à la hauteur totale de l'ondulation. Le diamètre horizontal

---

[1] Les frères Weber appellent largeur (*Breite*) de l'ondulation ce que nous nommons longueur, et inversement, ils désignent par longueur (*Länge*) ce que nous avons appelé largeur. (Weber, *loc. cit.*, p. 102.) Ils reconnaissent d'ailleurs eux-mêmes avoir interverti la signification de ces mêmes termes telle qu'elle avait été donnée par Brémontier (*loc. cit.*, p. 116) et que nous la préférons, parce qu'elle est usuelle en physique pour les ondes lumineuses et sonores, et que la dénomination de lames longues ou courtes est employée et comprise par tous les marins.

des ellipses de plus en plus aplaties suivies par les particules au sein du liquide n'offre aucune relation avec la longueur de l'ondulation.

Le temps que met une particule à accomplir sa trajectoire entière, grande ou petite, dépend de la relation existant entre la hauteur et la longueur de l'ondulation.

La longueur du chemin que les particules liquides accomplissent sur leur trajectoire en un temps donné, et par conséquent la vitesse même des particules, toutes choses étant égales d'ailleurs, dépend entièrement de la hauteur de l'ondulation. Plus l'ondulation est haute, plus est long le chemin accompli par les particules, en un temps donné, sur leur trajectoire.

Les particules voisines de la surface du liquide n'exécutent pas leur trajectoire tout à fait aussi vite que les particules situées verticalement au-dessous d'elles. Les ondulations progressent donc plus rapidement dans la profondeur qu'à la surface; mais, par contre, elles sont de dimension plus courte dans la profondeur qu'à la surface.

Quand on abandonne à lui-même un liquide auquel on a communiqué un mouvement ondulatoire, chaque molécule, après avoir achevé sa première trajectoire, continue à la parcourir de nouveau, tout comme un pendule. Cependant la dimension de cette trajectoire diminuant de plus en plus, il en est de même du temps nécessaire pour la parcourir.

Une faible profondeur du liquide est un puissant obstacle à cette répétition du mouvement des molécules.

La vitesse de propagation d'une ondulation dépend de sa hauteur et de sa longueur ou, en d'autres termes, de sa longueur et de la vitesse avec laquelle les particules liquides exécutent leur trajectoire, puisque cette vitesse elle-même dépend de la hauteur. La vitesse dépend aussi de la distance du fond, car, toutes choses égales d'ailleurs, la profondeur, quand elle est faible, diminue, et quand elle est grande, augmente la vitesse de l'ondulation.

La vitesse de l'ondulation diminue lorsque, pendant sa progression, l'ondulation augmente de largeur, et elle augmente lorsque celle-ci diminue de largeur parce que, dans le premier cas, la hauteur diminue et que, dans le second cas, elle augmente.

La vitesse des ondulations résultant de la chute de colonnes de liquide également considérables et également hautes diminue en même temps que diminue la profondeur du liquide contenu dans l'auge et au sein duquel l'ondulation est produite et se propage. Si l'on réduit progressivement la profondeur du liquide, la vitesse des ondulations produites par une impulsion constante diminue beaucoup plus rapidement.

Des expériences faites avec de l'eau salée, de l'eau et de l'alcool montrent que le poids spécifique du liquide n'a pas d'influence sur la vitesse de propagation des ondulations, pourvu que le fond soit à une distance suffisamment grande.

Si l'on remplit l'auge de mercure, d'eau et enfin d'alcool, les ondulations produites par la chute brusque d'une colonne également haute de chaque *liquide sont plus hautes et plus courtes avec le* mercure, plus basses et plus longues avec l'eau et davantage encore avec l'alcool. La cohésion des particules liquides, bien plus grande dans le mercure que dans l'eau et dans celle-ci que dans l'alcool, paraît donc exercer une certaine influence.

La vitesse des ondulations ne dépend pas de leur longueur seule, mais de leur grosseur, c'est-à-dire en même temps de leur hauteur et de leur longueur. La largeur des ondulations, considérée indépendamment de toute autre circonstance, ne possède aucune influence sur la vitesse de propagation.

La vitesse des ondulations communiquée par le choc d'un corps en mouvement dépend de la masse et de la vitesse de ce corps, parce que ces deux éléments produisent précisément la grosseur des ondulations.

Lorsqu'une ondulation se propage entre des parois parallèles et que, par conséquent, elle ne change pas de largeur, elle diminue de hauteur et augmente de longueur. Or, comme la vitesse dépend à la fois de la hauteur et de la longueur, elle reste à peu près la même et l'ondulation ne se ralentit que par suite du frottement du liquide contre les parois du vase et de la résistance de l'air.

Si pendant la progression, une ondulation augmente de largeur, sa vitesse et sa hauteur diminuent en même temps; si pendant sa progression, l'ondulation diminue de largeur, sa vitesse et sa hauteur augmentent.

Expérience d'Aimé. — Il est facile d'observer en mer que dans la houle, qui est à peu de chose près une ondulation progressive, il ne se fait aucun transport des molécules d'eau dans le sens horizontal, mais simplement une oscillation dans un plan parallèle à la direction de propagation. On jette à l'eau, du pont d'un navire à l'ancre et on regarde verticalement une boule de papier blanc, froissée entre les mains et préalablement mouillée, de manière qu'elle s'immerge immédiatement sans offrir de prise au vent. La boule descend alors assez lentement pour que l'œil puisse la suivre pendant un temps suffisant et constate que le déplacement horizontal est presque nul, que les oscillations diminuent d'amplitude pendant la descente et ne sortent pas d'un plan vertical parallèle au sens de propagation des ondulations de l'eau.

Aimé [1] disposa dans le même but une planche carrée A B de de 50 cm de côté (*fig.* 14), lestée par de grosses barres de fer C C et supportant un cône G en fer-blanc terminé par une ouverture étroite K. Une tige de fer coudée A D servait à attacher la corde à l'aide de laquelle il descendait au fond l'appareil dont le poids total était de 13 kilog. Le cône laisse échapper par bulles l'air qu'il contient. L'expérience réussit mieux avec de l'huile colorée, car la dimension des gouttes ne varie pas avec la pression, comme les bulles d'air. Dans ce dernier cas, une petite ouverture placée en bas du cône sert à la rentrée de l'eau. L'appareil étant immergé par une mer un peu agitée, on voyait les gouttes former en remontant une ligne serpentant dans un plan parallèle à la direction des vagues.

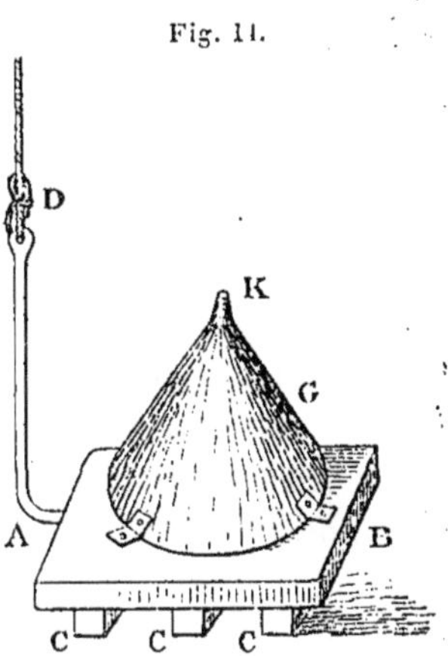

Dans la rade d'Alger, par 10 m de profondeur, avec une houle de 1,50 m de hauteur, l'écart maximum entre les bulles était de près de 1 m ; par 14 m, avec des lames à peu près de même dimension que précédemment, l'amplitude de l'oscillation des bulles était de 70 à 80 cm.

---

[1] Aimé, *Recherches expérimentales sur le mouvement des vagues.* Annales de chimie et de physique, 3e série, t. V, p. 417, 1842.

Ces expériences prouvent bien que, dans une mer agitée, les molécules d'eau ont un mouvement d'oscillation dans un même plan, mais elles n'indiquent pas si l'oscillation a lieu depuis le fond jusqu'à la surface ni comment son amplitude varie avec la profondeur.

Théorie de la houle; trochoïde. — L'ensemble des faits observés permet d'établir la théorie de la houle dans une eau de profondeur infinie.

Supposons (*fig.* 15) une série de molécules 1, 2, 3, 4, 5, 6, 7, 8, 9, en repos le long de la ligne horizontale de niveau MN; sous l'influence d'une oscillation progressant de gauche à droite, la molécule 9 étant encore en repos, la molécule 8, étreinte par le mouvement, commence à suivre, dans la direction de la flèche, sa

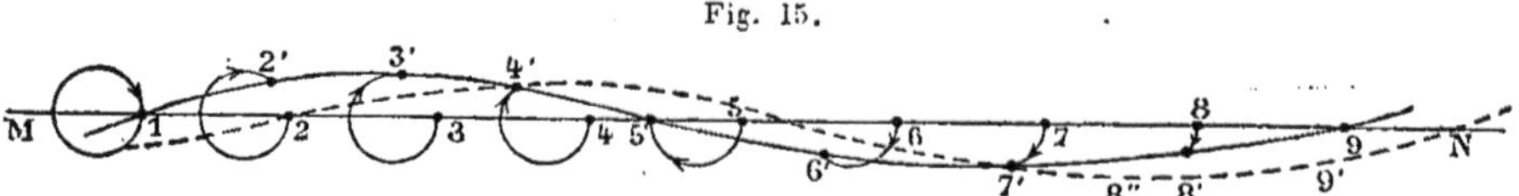

Fig. 15.

trajectoire circulaire et occupe, à un certain moment, la position 8′ ; en ce même instant, la molécule 7 arrive en 7′ après avoir parcouru une trajectoire circulaire d'un diamètre égal à celle de la molécule 8, mais plus longue, puisque la direction générale de l'ondulation étant de gauche à droite, elle est depuis plus longtemps en mouvement. Le même raisonnement étant applicable à chacune des autres molécules, le profil de l'ondulation, à un moment déterminé, est représenté par la courbe 9, 8′, 7′, 6′, 5′, 4′, 3′, 2′, 1. Après un temps égal à la durée de la période divisée par le nombre des molécules occupant la longueur totale de l'ondulation, 9 sera en 9′, 8 en 8″, 7 en 7″..... et l'ondulation elle-même aura progressé d'une fraction de sa longueur. Le mouvement se continue ainsi de proche en proche, non seulement pendant une ondulation unique, mais indéfiniment, une ondulation succédant immédiatement à la précédente et dans des conditions identiques.

On en déduit les deux lois suivantes.

Lorsque le mouvement ondulatoire progresse de gauche à droite, les particules liquides accomplissent leur trajectoire circulaire d'un mouvement direct, c'est-à-dire dans le sens de la marche des aiguilles d'une montre. Si au contraire l'ondulation progresse de droite à gauche, les particules possèdent un mouvement de sens inverse à celui des aiguilles d'une montre.

Dans un creux, les particules liquides se meuvent à l'encontre de l'ondulation ; dans un plein, elles se meuvent dans le sens même de l'ondulation.

Ces lois ne sont pas tout à fait rigoureusement vérifiées pour la houle de mer car les molécules liquides, par suite de causes diverses et en particulier du vent qui les chasse, causes dont il a été fait théoriquement abstraction, ne reprennent pas absolument leur position initiale après un premier déplacement et accomplissent un faible mouvement en avant. Mais il ne faut pas oublier, ainsi qu'il a été dit au début, que la houle et les vagues sont en réalité un phénomène extrêmement complexe dont nous étudions successivement et isolément les divers éléments.

La courbe représentant le profil d'une ondulation porte le nom de trochoïde. Un cercle QR_1 roulant sur une ligne droite (*fig.* 16), un

Fig. 16.

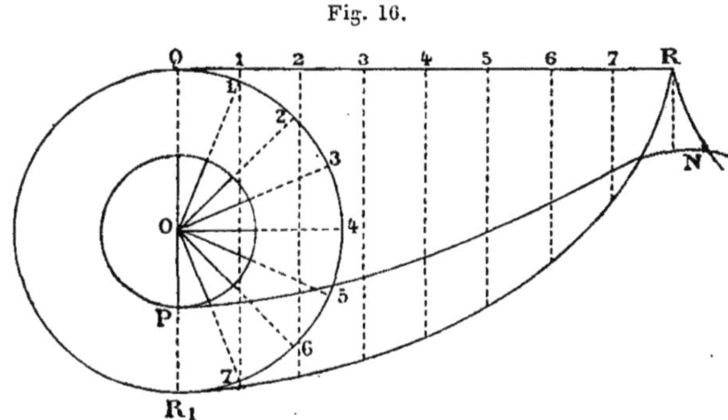

point R_1 de la circonférence décrit une cycloïde R_1R, tandis que, pendant le même temps, un point P situé sur une circonférence concentrique à la première et de rayon plus petit décrit une trochoïde PN. Il serait aisé de tracer cette courbe par points.

D'autre part, si l'on considère ce qui se passe à partir de la surface dans une masse d'eau de profondeur infinie, et si l'on se rappelle les faits expérimentaux précédemment énoncés et relatifs à la diminution rapide de la dimension des trajectoires à mesure qu'on

s'éloigne de la surface, la figure 17 montre la disposition des tra-
jéctoires de plus en plus petites A B C D E F G H A, A'B'C'..., A"B"C"...,

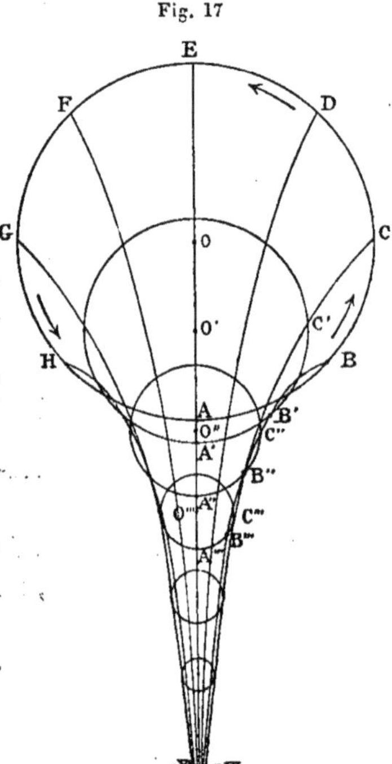

Fig. 17

A'''B'''C'''... en même temps que les
positions B B'B"B'''..., C C'C"C'''...
occupées successivement par une

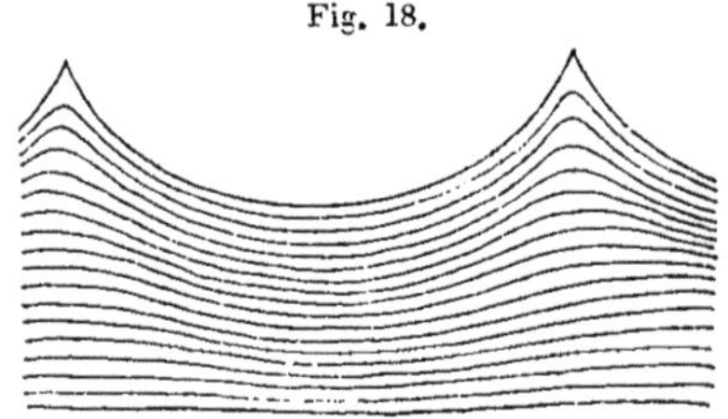

Fig. 18.

même file de molécules. Il suffira
d'appliquer cette construction à
l'ensemble des molécules conte-

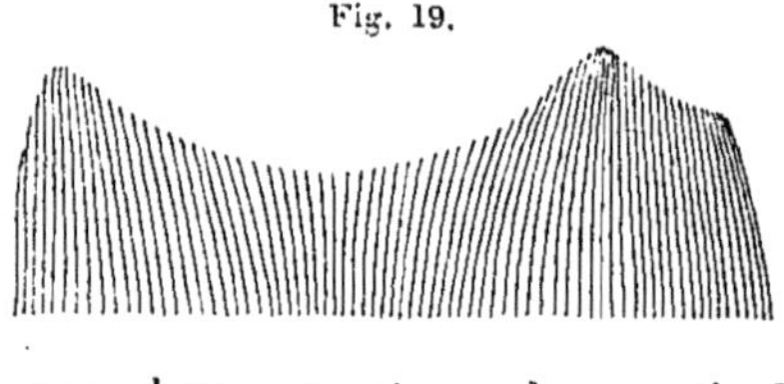

Fig. 19.

nues dans un même plan vertical
et soumises simultanément à l'os-
cillation pour voir que les files horizontales de molécules affectent
l'aspect de la figure 18 pendant une ondulation complète, tandis que
les files verticales ont l'aspect indiqué par la figure 19.

**Formules relatives aux ondulations dans une eau de profon-
deur infinie.** — Les formules qui suivent[1] sont obtenues en partie
par la mise en équation des divers éléments de la trochoïde et la
considération des propriétés analytiques de cette courbe, en partie
aussi par la mise en équation de certaines données expérimentales
légèrement modifiées dans leur valeur, s'il y a lieu, et combinées de
façon à être représentées dans leur ensemble et leurs relations
mutuelles sous la forme condensée d'une formule mathématique.

---

[1] Ce paragraphe est un abrégé de celui de Krümmel sur le même sujet. Voy. Krümmel,
Handbuch der Ozeanographie, II, 6 ff.

Nous parlerons plus loin du degré de confiance à accorder à la représentation mathématique du phénomène non plus idéal, tel qu'on peut le considérer en théorie, mais tel qu'il s'accomplit réellement dans la nature.

En désignant par

r le rayon OR, (*fig.* 16) du cercle décrivant la cycloïde.

h le rayon OP du petit cercle, c'est-à-dire la demi-hauteur de l'ondulation.

c la vitesse en mètres par seconde avec laquelle les particules d'eau parcourent leur orbite.

p la profondeur de l'eau, en mètres.

λ la longueur de l'ondulation, c'est-à-dire la distance en mètres de la vague mesurée de crête en crête $(2QR)$.

V la vitesse en mètres par seconde avec laquelle l'ondulation se propage à la surface de l'eau (vitesse de propagation).

T la période de l'ondulation, c'est-à-dire le temps nécessaire pour qu'une molécule d'eau à la surface accomplisse son orbite ou, en d'autres termes, le temps en secondes que met l'ondulation pour parcourir un espace égal à la longueur d'ondulation λ,

$\pi = 3{,}14159$.

e la base des logarithmes naturels ($e = 2{,}71828\ldots$).

M le module des logarithmes ordinaires ($M = 0{,}43429\ldots$).

$g = 4{,}9$ m ou l'espace parcouru par un corps tombant librement pendant la première seconde de sa chute.

ρ le rayon de la circonférence parcourue par les particules d'eau à la profondeur p.

Les formules appliquées par les mathématiciens à la houle sont

$$\text{ou} \qquad \left. \begin{array}{l} \rho = h\,e^{-2\pi\frac{p}{\lambda}} \qquad (1) \\[2mm] \log\dfrac{\rho}{h} = -2\pi M\dfrac{p}{\lambda} \end{array} \right\} \text{(Bertin)} \,^{[1]}.$$

$$\text{et} \qquad \rho = r\,e^{-\frac{p}{r}} \qquad\qquad \text{(Hagen).}$$

[1] Bertin, *Mémoires de la Société nationale des sciences naturelles de Cherbourg*, tomes XV, XVI, XVII, XVIII et XXII.

A mesure que la profondeur augmente, les rayons des circonférences décrites par les particules d'eau décroissent en progression géométrique. D'après Rankine, on peut énoncer cette relation avec une approximation suffisante pour la pratique par la règle suivante : si on exprime la profondeur en neuvièmes de la longueur d'onde, les diamètres 2ρ des circonférences décrites par les particules d'eau diminueront de moitié pour chaque neuvième successif de cette profondeur.

Aussi la profondeur p exprimée en neuvièmes de λ étant

$$0 \quad \frac{1}{9} \quad \frac{2}{9} \quad \frac{3}{9} \quad \frac{4}{9} \quad \frac{5}{9} \quad \frac{6}{9} \quad \frac{7}{9} \quad \frac{8}{9} \quad \frac{9}{9},$$

2ρ exprimé en fraction de la hauteur d'ondulation $2h$ sera

$$1 \quad \frac{1}{2} \quad \frac{1}{4} \quad \frac{1}{8} \quad \frac{1}{16} \quad \frac{1}{32} \quad \frac{1}{64} \quad \frac{1}{128} \quad \frac{1}{256} \quad \frac{1}{512},$$

où

$$1 \quad 0,500 \quad 0,250 \quad 0,125 \quad 0,062 \quad 0,031 \quad 0,016 \quad 0,008 \quad 0,004 \quad 0,002;$$

de sorte que pour une vague de 90 m de longueur et de 3 m de hauteur, on aura, à la surface $2\rho = 2h = 3$ m et les diamètres des circonférences décrites par les molécules d'eau seront, d'après Rankine (A), et d'après la formule de Bertin (B)

	(A)		(B)
A la surface.........	3,000 m	....	3,000 m
A 10 m	1,500	....	1,486
A 20 m	0,750	....	0,743
A 50 m	0,090	....	0,0914
A 100 m	0,0028	....	0,00279

Théoriquement, le mouvement ne devient nul qu'à une profondeur infinie.

La période T sera donnée par les formules

$$T = \sqrt{\frac{\pi}{g}\lambda} \qquad\qquad \text{(II)}$$

ce qui s'énonce : la période est proportionnelle à la racine carrée de la longueur d'onde, de sorte que les vagues longues ont une période plus longue que les vagues courtes.

Et

$$T = \frac{\pi}{g} V \qquad\qquad\text{(III)}$$

ou, la période est directement proportionnelle à la vitesse de propagation.

La vitesse est proportionnelle à la racine carrée de la longueur d'onde.

$$V = \sqrt{\frac{g}{\pi}\lambda} \qquad\qquad\text{(IV)}$$

et comme $\lambda = 2\pi r$,

$$V = \sqrt{2gr} \qquad\qquad\text{(V)}$$

c'est-à-dire que la vitesse est celle que posséderait un corps tombant librement après avoir parcouru l'espace r.

On exprime T en fonction de r par la formule

$$T = \sqrt{\frac{2\pi}{g}r} \qquad\qquad\text{(VI)}$$

et la vitesse en fonction de la période

$$V = \frac{g}{\pi} T \qquad\qquad\text{(VII)}$$

de sorte que la longueur d'ondulation λ pourra se mettre sous la forme

$$\lambda = \frac{\pi}{g} V^2 = \frac{g}{\pi} T^2 \qquad\qquad\text{(VIII)}$$

Le tableau suivant, d'après Bertin, indique pour les diverses valeurs de T les valeurs calculées d'après les formules VII, VIII et I de la longueur d'onde, de la vitesse et du rayon ρ à diverses profondeurs connaissant la demi-hauteur d'ondulation $2\,h$.

T (secondes).	λ (m)	V (m par seconde.)	RAPPORT $\frac{\rho}{h}$ AUX DIVERSES PROFONDEURS $p =$				
			2 m	10 m	20 m	50 m	100 m
2	6,2	3,12	0,134	0,000	0,000	0,000	0,000
3	14,1	4,70	0,410	0,012	0,000	0,000	0,000
4	25	6,20	0,605	0,680	0,007	0,000	0,000
5	39	7,81	0,725	0,200	0,040	0,000	0,000
6	56	9,37	0,800	0,327	0,107	0,004	0,000
7	77	10,93	0,848	0,440	0,193	0,016	0,000
8	100	12,49	0,882	0,533	0,283	0,043	0,002
9	126	14,05	0,905	0,608	0,370	0,083	0,007
10	156	15,61	0,923	0,668	0,447	0,134	0,018
11	189	17,17	0,936	0,717	0,514	0,190	0,036
12	225	18,73	0,946	0,756	0,572	0,247	0,061
.14	306	21,85	0,960	0,814	0,664	0,358	0,128
16	396	24,98	0,969	0,863	0,728	0,452	0,205
18	506	28,10	0,975	0,883	0,780	0,537	0,289
20	624	31,22	0,980	0,904	0,818	0,605	0,366
22	762	34,34	0,984	0,921	0,848	0,662	0,438
24	899	37,46	0,986	0,932	0,870	0,705	0,497

Ainsi, par exemple, une vague de houle ayant une période $T=14$ secondes et une hauteur $2h = 4,60$ m, c'est-à-dire $h = 2,30$ m, sa longueur serait environ de 306 m, sa vitesse de 21,85 m par seconde et, pour une molécule d'eau située à une profondeur de 50 m, on aurait $\frac{\rho}{h} = 0,358$ d'où $\rho = 0,358\,h = 0,358 \times 2,30 = 0,82$ m, c'est-à-dire que cette molécule accomplirait une trajectoire de rayon égal à 0,82 m.

On a encore

$$c = V \frac{h}{r} \qquad (IX)$$

ce qui, dans le cas de la molécule superficielle pour laquelle $h = r$, donne $c = V$.

Et enfin

$$\frac{c}{V} = 2\,\pi \frac{h}{\lambda} \qquad (X)$$

Il n'existe théoriquement aucune relation fixe entre la hauteur et la longueur des ondes, ni entre la vitesse avec laquelle les particules d'eau accomplissent leur orbite et la vitesse de propagation de l'ondulation.

La vitesse orbitale décroît avec la profondeur d'après la formule

$$c = V e^{-\frac{p}{r}} \qquad (XI)$$

Ondulations en eau peu profonde. — Quand l'épaisseur du liquide ne peut plus être considérée comme infinie, ou en d'autres termes lorsque le fond de la mer est peu distant de la surface, les ondulations cessent d'être celles de la houle et leurs mouvements augmentent beaucoup de complication.

Le mouvement en eau peu profonde a été étudié par un grand nombre de savants parmi lesquels les frères Weber, Hagen, Airy, Scott Russell, Bertin et Boussinesq. Ils ont tous procédé de la même façon. Après avoir expérimenté et avoir obtenu une série de mesures d'observation, ils ont cherché à représenter aussi exactement que possible leurs résultats par des formules empiriques plus ou moins approchées.

Au point de vue expérimental, ils ont, au contraire, opéré par des méthodes différentes. Il n'est pas rare que les divers observateurs soient en désaccord relativement aux faits mêmes qu'ils mettent ensuite en équation. Tandis que les frères Weber, se servant de leur auge, produisaient des ondulations en élevant, par aspiration dans un tube, une certaine quantité d'eau mesurée par sa hauteur et la laissaient ensuite retomber d'un seul coup, Scott Russell employait un bassin long de 6 m et y établissait une différence de niveau à l'aide d'une sorte de digue qu'il supprimait brusquement. Hagen communiquait par un mécanisme d'horlogerie un mouvement de va-et-vient à un disque agitant régulièrement l'eau du bassin dans lequel il était plongé. Le procédé de mise en train n'est certainement pas sans influence sur la façon dont s'effectue le phénomène.

Lorsque le fond est peu éloigné de la surface, les filets d'eau oscillent horizontalement sur le sol au lieu de tourner simplement en cercle sur eux-mêmes comme l'indique la théorie pour l'eau profonde. Les particules superficielles oscillent à peu près suivant des cercles dont le diamètre horizontal, d'après Hagen, est le même sur toute la hauteur de la colonne d'eau tandis que, d'après Weber, ce diamètre décroît lentement depuis la surface pour augmenter ensuite quelque peu plus près du fond. Nous voyons déjà ici un exemple du désaccord des observateurs quant aux bases mêmes de leurs calculs. Le déplacement vertical des molécules d'eau diminue à mesure qu'on se rapproche du fond et disparaît complètement sur le fond lui-même. Il en résulte qu'à la surface les molécules d'eau se meuvent tout comme elles le feraient en eau de profondeur infinie.

Selon Airy, les orbites des molécules sont elliptiques, possèdent la même excentricité ε sur toute la hauteur de la colonne d'eau verticale, de sorte que les foyers étant toujours également éloignés l'un de l'autre, le demi-axe horizontal est égal à ε contre le sol et le demi-axe vertical s'annule. Airy a représenté la relation existant entre la vitesse de propagation horizontale de la vague V, la longueur d'ondulation λ et la profondeur de l'eau p, par la relation

$$V^2 = \frac{g\lambda e^{\frac{2\pi p}{\lambda}} - e^{-\frac{2\pi p}{\lambda}}}{\pi\, e^{\frac{2\pi p}{\lambda}} + e^{-\frac{2\pi p}{\lambda}}} \qquad\text{(XII)}$$

et posant :

$$e^{\frac{2\pi p}{\lambda}} = \cos\psi \qquad\text{(XIII)}$$

$$V^2 = \frac{g\lambda}{\pi}\cos 2\psi \qquad\text{(XIV)}$$

d'où :

$$\lambda = \frac{\pi V^2}{g \cos 2\psi} \qquad\text{(XV)}$$

g étant égal, d'après Listing, en fonction de la latitude géographique φ et en mètres à

$$g = 9.780728 - 0.050875 \sin^2\varphi,$$

et en pieds anglais

$$g = 32,09\,(1 + 0,0051 \sin^2\varphi):$$

Si dans la formule (XII) $\frac{p}{\lambda}$ est très grand, on a $\cos\psi = \infty$ et $\cos 2\psi = 1$, d'où :

$$V^2 = g\frac{\lambda}{\pi} \qquad\text{(XVI)}$$

Tel est le cas des vagues causées par le vent ou vagues forcées pour lesquelles p la profondeur de l'eau est très grande par rapport à λ, longueur de la vague mesurée de crête en crête, qui est très petite.

Si $\frac{p}{\lambda}$ est très petit, c'est-à-dire si la vague est très longue par rapport à la profondeur de l'eau, cas des vagues produites par un tremblement de terre, ou des vagues secondaires résultant du flux et du reflux, on a la formule approchée :

$$V^2 = \frac{g\lambda}{\pi} \cdot \frac{\pi p}{\lambda} = g p \qquad \text{(XVII)}$$

Cette formule, établie par Lagrange, est suffisamment exacte; car, d'après Hann, elle donne 231,9 m de vitesse par seconde au lieu de 230,6 m que fournit la formule complète pour une vague de tremblement de terre ayant une longueur de 100 milles et parcourant un océan profond de 3000 brasses ou 5487 m.

On en conclut :

$$p = \frac{V^2}{g} \qquad \text{(XVIII)}$$

Or comme $V^2 = \frac{g}{\pi} \lambda$ (IV), remplaçant dans la formule (XVIII) V^2 par sa valeur, il vient :

$$\lambda = \pi p \qquad \text{(XIX)}$$

Interférences des ondulations, réflexion. — On désigne sous le nom d'interférence de deux ou plusieurs ondulations le phénomène résultant de la combinaison de ces ondulations entre elles.

Supposons que le fluide au sein duquel se propagent les ondulations soit impondérable, éminemment élastique et subtil comme l'éther tel qu'on l'on l'admet dans la théorie des ondulations lumi-

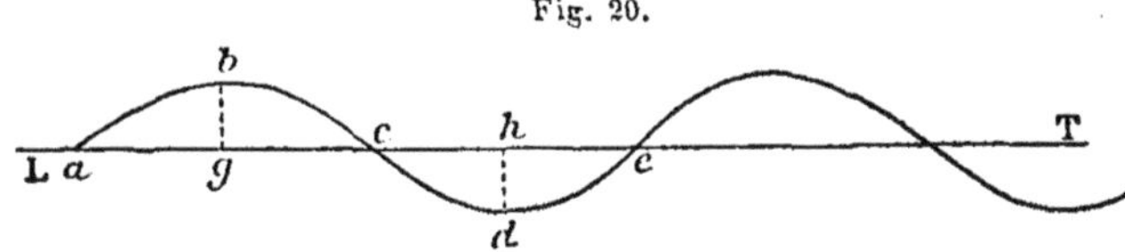
Fig. 20.

neuses. On peut représenter une ondulation du genre de l'oscillation d'un pendule qui est typique, au moyen d'une courbe schématique *a b c d e* (*fig.* 20), symétrique par rapport à la droite LT qui est à la surface de niveau et formée de portions égales :

ab figurant le passage de pendule de **A** en **M** (*fig.* 9) avec une vitesse croissant de zéro à un maximum ;

bc le trajet du pendule de **M** en **A′** avec une vitesse décroissant du maximum à zéro ; c'est-à-dire de la façon même dont elle a augmenté pendant le premier quart de l'oscillation ;

cd le trajet du pendule de **A′** en **M**, en sens inverse du second quart, ce qui se traduit par la position de la courbe au-dessous de la ligne de niveau, avec une vitesse croissant de zéro au maximum ;

de le trajet du pendule de **M** en **A** avec une vitesse décroissant du maximum à zéro.

La courbe se continue ensuite absolument identique à elle-même tout comme les oscillations successives du pendule théorique se succèdent identiques à elles-mêmes et indéfiniment.

Ce schéma permet de se rendre compte graphiquement des phénomènes de l'interférence.

D'une façon générale, chacune des ondulations se comporte comme si elle était seule, de sorte que le résultat de l'interférence des deux est la somme algébrique de l'une et de l'autre et se représente sur le schéma en élevant en chaque point de la ligne de niveau une ordonnée égale à la somme algébrique des hauteurs de chaque courbe en ce point. On voit donc que dans certains cas le résultat de l'interférence de deux ondulations peut être nul lorsque celles-ci sont égales et de signes contraires. C'est ce qui, en optique, donne lieu aux franges obscures et à ce phénomène en apparence si étrange, d'une somme de deux lumières produisant l'obscurité.

Fig. 21.

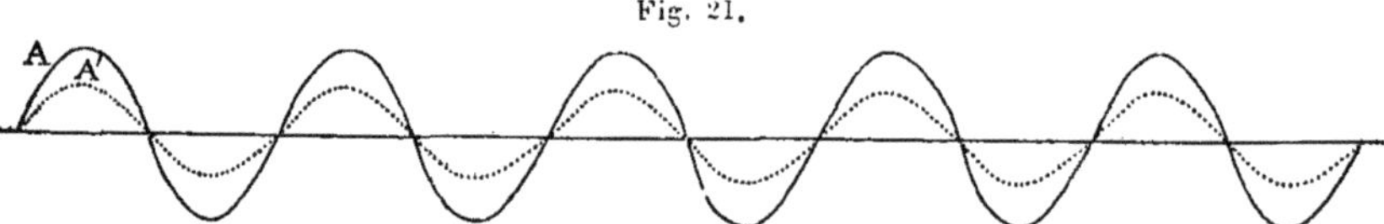

Ainsi l'interférence de deux ondulations A et A′ (*fig.* 21) ayant même longueur, même hauteur et se propageant dans la même direction ou dans une direction diamétralement opposée sera figurée par la courbe pleine, de hauteur double, mais de même longueur d'ondulation.

L'interférence des deux ondulations A et A′ différentes de lon-

gueur et de hauteur (*fig.* 22) donnera lieu, comme résultat d'interférence, à la courbe pleine ayant des hauteurs et des longueurs
différentes de celles de l'une et de l'autre composante. On remar-

Fig. 22.

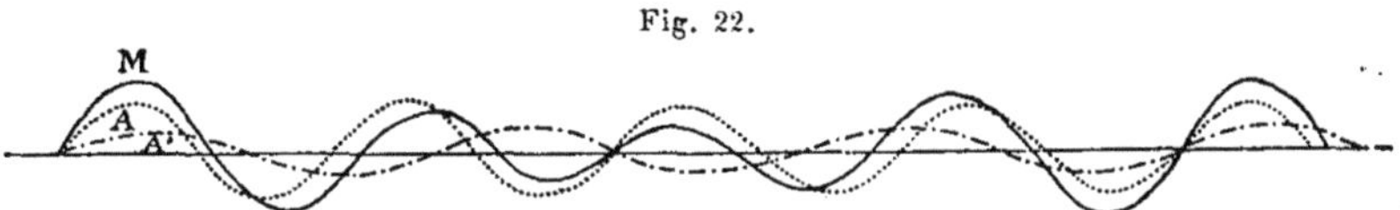

quera que la courbe pleine n'a pas tous ses pleins et ses creux
identiques ; elle offre néanmoins une certaine régularité qui donne
naissance à des séries d'ondulations lentement décroissantes, jusqu'à
une ondulation qui s'élève brusquement, l'emporte de beaucoup en
hauteur sur les précédentes et se retrouve avec le même caractère à
la fin de chaque série.

Dans un fluide possédant une masse, une viscosité et d'autres
propriétés tenant à sa nature matérielle, les phénomènes d'interférence sont théoriquement les mêmes quoique, pratiquement, ils
diffèrent plus ou moins de ceux qui viennent d'être exposés. Ils ont
été étudiés expérimentalement par les frères Weber.

Ils ont employé dans ce but leur auge où ils versaient sous des
épaisseurs variées, tantôt de l'eau et tantôt du mercure. Ils soule-
vaient alors, dans un tube, à chacune des extrémités, une colonne
de liquide qu'ils laissaient retomber brusquement et simultanément
de façon à provoquer la formation de deux ondulations égales ou
inégales, de dimensions convenables, marchant à la remonte l'une
de l'autre et dont ils obtenaient le profil sur une lame d'ardoise sau-
poudrée de farine et plongée dans le liquide parallèlement aux
parois de l'auge. En outre, ils observaient et mesuraient au microscope, d'après leur méthode, le mouvement de parcelles d'ambre
flottant dans l'eau dont elles possèdent à peu près la densité.

Ils se sont servis aussi de mercure contenu dans des vases de
verre de formes diverses et y produisaient des ondulations en y
laissant tomber en deux points des gouttelettes de mercure. Ils des-
sinaient alors l'aspect obtenu.

Ces expériences seraient intéressantes à reprendre d'une manière
plus précise à l'aide de photographies instantanées.

Les frères Weber ont reconnu que les phénomènes d'interférence quoique plus ou moins modifiés, étaient essentiellement tels que l'indique la théorie.

La propagation, dans une eau de surface infinie, a lieu circulairement et en ondes excentriques autour du point ébranlé.

Dans l'eau, l'interférence de deux ondulations de hauteur respectivement égales à 1 produit une ondulation de hauteur égale à 1,79 et non 2 ainsi que le voudrait la théorie. Cette différence provient principalement du poids même de l'eau qui, amoncelée en un volume plus considérable, pèse sur la crête de la vague et diminue sa hauteur.

La vague d'interférence, elle aussi, présente théoriquement un creux double de celui des deux vagues composantes égales qui ont servi à la former.

Il serait facile de construire à un moment déterminé (*fig.* 23) la surface d'interférence d'un double système d'ondulations se coupant sous un angle quelconque. Le premier système possédant alors ses

Fig. 23.

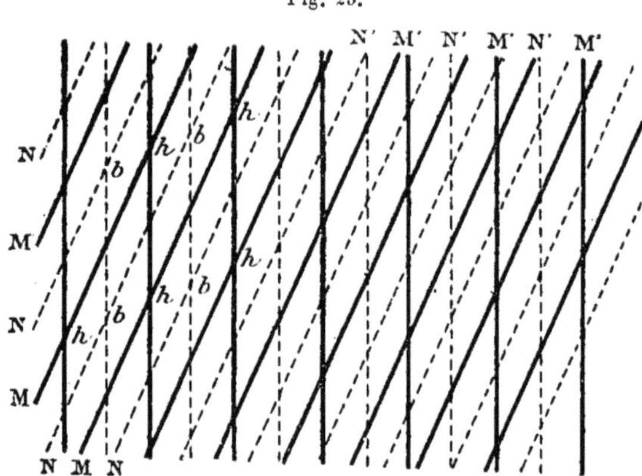

crêtes en M, M, M... et ses creux en N, N, N..., le second système ses crêtes en M' M' M'... et ses creux en N'N'N'..., il est évident que les sommets les plus élevés de la surface seront en *h, h, h*... où les hauteurs maximum de deux crêtes s'additionnent, tandis que les points les plus bas se trouveront en *b, b, b*... où les profondeurs maximum de deux creux s'additionnent aussi. Pour trouver l'altitude d'un point quelconque au-dessus de la surface de niveau, on fera passer par ce point, dans le plan de la propagation, le schéma de la première ondulation conforme à celui de la figure 20, puis par le même point, dans le plan de la propagation, le schéma de la seconde ondulation et on donnera à ce point une cote égale à la somme algébrique des cotes de l'une et de l'autre ondulation. Entre les cotes on fera passer des courbes d'égal niveau, de sorte que la surface d'interférence sera figurée par un relief analogue à celui d'une carte topographique.

Cependant il ne faut pas oublier qu'un pareil dessin ne montre la surface d'interférence qu'à un instant déterminé et au sein d'un fluide idéal duquel un fluide matériel, tel que l'eau, différera toujours.

Les frères Weber ont encore constaté que, pendant l'interférence, les particules liquides se meuvent respectivement suivant des trajectoires non pas elliptiques, mais rectilignes et leur mouvement dans le sens vertical est renforcé aux dépens de leur mouvement horizontal.

Les interférences ont pour résultat, ainsi qu'on devait s'y attendre par suite des chocs qui se produisent au sein d'un fluide matériel comme l'eau, de diminuer la vitesse de l'une et de l'autre des deux ondulations qui se rencontrent.

Le mode de réflexion d'une ondulation contre un obstacle rectiligne qu'elle vient frapper dans une direction perpendiculaire est théoriquement le résultat de l'interférence de cette première ondulation avec une seconde, de dimensions égales, mais se propageant dans une direction diamétralement opposée. C'est donc une ondulation de hauteur double où la vitesse de propagation est annulée. Le phénomène a été vérifié expérimentalement par les frères Weber. On l'observe dans la nature. Une vague de tempête qui frappe un mur de quai, est réfléchie, interfère avec la vague suivante qui n'a pas encore heurté l'obstacle et il se produit une haute colonne écumante d'eau qui s'élève verticalement en avant de l'obstacle.

La figure 24 représente, d'après une photographie instantanée, le résultat de l'interférence de deux vagues à Arromanches (Calvados). Une première vague est arrivée sur le mur du quai; elle a été réfléchie, est revenue sur elle-même et a rencontré la vague qui la suivait et n'avait pas encore touché le mur. L'interférence s'est produite et sous son effet, augmenté par la vitesse dont les deux vagues étaient respectivement douées, l'eau s'est élevée verticalement à une hauteur considérable. La vague venant du large et non encore affaiblie

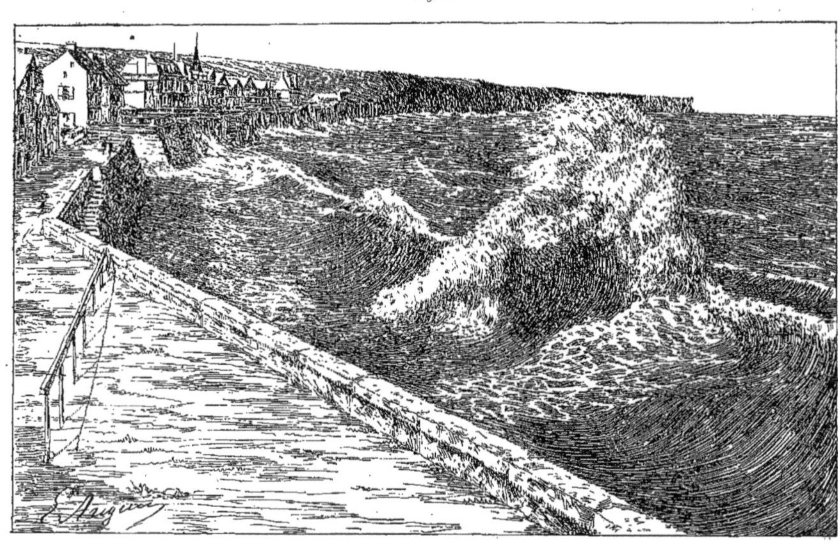

par sa rencontre avec la terre est la plus puissante, ainsi que l'indique l'écume qui surmonte la vague d'interférence et dont la courbure est dirigée du côté du quai. Enfin, le phénomène a totalement épuisé les forces vives, car on voit, sur la droite, un espace où l'eau est plate, et il n'a lieu qu'en un point parce que la réflexion s'est faite contre un mur non pas rectiligne, mais offrant un angle, vers l'escalier de gauche.

C'est encore par les interférences qu'on explique en partie la mer démontée du centre des cyclones.

Les groupements par lesquels, après une succession d'un certain nombre de vagues de hauteur sensiblement égale, une dernière est plus forte, la série se renouvelant avec régularité, avaient déjà été mentionnés par les auteurs anciens. Euripide, Lucien et Démosthène parlent du groupement par trois, deux petites et une grande, observé aussi près de Kiel sur la Baltique; les marins ont reconnu en pleine mer des groupements par quatre et par cinq, sur la côte de Guinée par sept et par huit, sur la côte occidentale de l'Amérique centrale par quatre et cinq ; enfin, les Romains, ainsi qu'il résulte de textes d'Ovide, de Silius Italicus et de Lucain, admettaient que chaque dixième vague (*decima unda* et *fluctus decumanus*) l'emportait sur les autres. Tous ces faits s'expliquent aisément par des phénomènes d'interférence, et dans les exemples précédents donnés par Krümmel [1] en concordance avec la théorie, le groupement se compose en général d'un nombre de vagues d'autant plus grand qu'il se rapporte à une mer plus vaste et plus profonde.

Lorsqu'une onde circulaire vient frapper un obstacle rectiligne fixe, chaque point de l'obstacle devient dès sa rencontre avec l'onde le centre d'une nouvelle ondulation se propageant circulairement.

On voit comment le phénomène des interférences combiné à la réflexion, donne lieu à l'ondulation fixe dont nous nous occuperons plus tard.

Houle. — La houle de l'Océan est la vague naturelle dont les conditions se rapprochent davantage de celles qu'indique la théorie. On donne ce nom (*Swell, Dünung*) au gonflement, à intervalles réguliers, qui tour à tour soulève et abaisse les navires saisis par le calme dans le voisinage des tropiques où la profondeur de la mer est

---

[1] Krümmel, *Handbuch der Ozeanographie*, II, 52.

très considérable. La houle ne comporte, pour ainsi dire, presque aucun déplacement horizontal des particules liquides comme on peut s'en convaincre en jetant alors à la mer, le long du bord, des corps flottants qui demeurent très longtemps sans s'éloigner. Parfois on remarque une double houle venant de deux directions différentes ; il serait très intéressant de prendre au trace-vagues enregistreur la forme de la courbe et de vérifier directement les lois des interférences en cherchant sur cette résultante la forme des deux composantes.

Vagues forcées. — Ces vagues sont celles qui s'observent le plus souvent en mer ; elles constituent le phénomène des ondulations dans une grande complexité parce que, une fois produites par le vent soufflant au point considéré, leur forme est la résultante des effets respectifs d'un nombre considérable de variables. On ne peut que mesurer directement en chaque lieu les éléments de ces vagues, hauteur, longueur, vitesse et période et former, à l'aide des valeurs obtenues, un recueil de moyennes intéressantes pour le navigateur ou l'océanographe, à la condition de ne point perdre de vue que ce travail est essentiellement empirique. Les nombres trouvés ne serviront à établir ou plutôt à vérifier des lois générales que s'ils sont élaborés avec la plus extrême prudence, car on sera toujours dans l'impossibilité matérielle de connaître ou de tenir compte de toutes les causes qui ont rendu telle qu'elle a été observée la vague qui a été prise comme objet d'investigation. Du reste, le tracé si peu régulier de la mer obtenu au trace-vagues (*fig.* 6) montre bien la différence qui sépare la théorie de la réalité.

Les formules auxquelles les vagues ont donné lieu sont donc empiriques ; elles s'accordent à peu près avec les résultats d'observation sur lesquels elles sont basées ; mais si on cherche à leur donner la généralité que leur aspect mathématique semble comporter, on ne tarde pas à constater qu'elles ne sont que des approximations.

Scott Russell et Airy ont donné le nom de vagues forcées (*forced waves, gezwungene Wellen*) à celles pour lesquelles, aux effets d'oscillation verticale régulière des molécules d'eau tels qu'ils existent dans la houle, se superposent des effets de translation horizontale provenant du vent et quelquefois aussi de causes diverses, telles que les tremblements de terre, par exemple.

Sous l'influence du vent agissant immédiatement contre la sur-face de l'eau, les *molécules liquides superficielles ne décrivent pas* exactement les courbes fermées indiquées par la théorie et qu'on n'observe que pour la houle, résultat d'une action du vent ayant eu lieu depuis un certain temps ou à une certaine distance du point considéré, ce qui supprime son influence directe et immédiate. Elles décrivent des courbes non fermées (*fig.* 25), de sorte que le profil

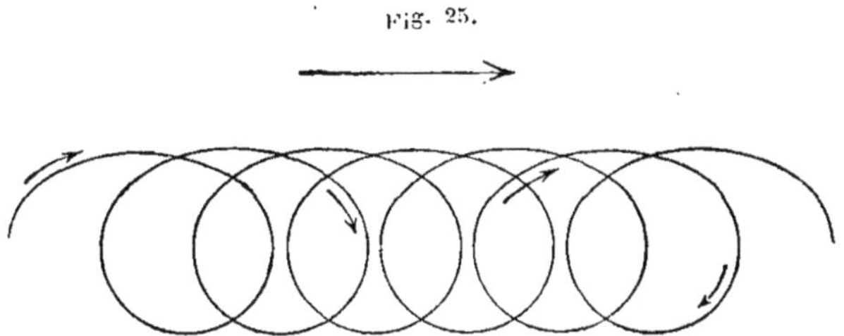

Fig. 25.

des vagues est alors plus compliqué que ne le montre la théorie. Le vent tend à aplatir la trajectoire, tout en l'allongeant, de sorte que la vitesse des molécules est retardée dans les pleins des vagues et, au contraire, augmentée dans les creux. Le mouvement de transla-tion horizontale explique pourquoi les vagues chassent devant elles les objets flottants abandonnés en pleine mer et qni finissent, tôt ou tard, par aborder une côte. Lorsque le vent cesse, la trajectoire se ferme de plus en plus et les vagues forcées se transforment en houle.

On pourrait peut-être désigner spécialement sous le nom de lames les vagues forcées par le vent, c'est-à-dire l'ondulation de houle modifiée par l'action du vent. Il n'y aurait donc pas encore de com-plications résultant d'interférences ou du voisinage du fond. Cette précision apparente de termes destinés à désigner un phénomène se présentant aussi rarement dans la nature avec de pareilles condi-tions de simplicité théorique, n'a pas une très sérieuse importance.

Les vagues les plus hautes ont été observées dans les vastes océans à peu près entièrement dépourvus d'îles, vers le 40e degré de latitude sud, par exemple. Elles sont d'autant plus hautes, pour un vent d'intensité uniforme et soufflant d'une manière continue, qu'elles possèdent, pour se former, au point où on les observe, un espace plus considérable auquel les Anglais donnent le nom de *fetch*. Cette hauteur est donc très variable dans les différentes mers et, sur ce point, l'océanographie, la météorologie et la géographie sont étroitement liées. Les mesures ont montré qu'il y avait lieu d'en rabattre fortement sur des évaluations qu'un sentiment naturel de la part de l'observateur le porte à exagérer involontairement et qui avaient fait quelquefois attribuer aux vagues des hauteurs atteignant et même dépassant 30 mètres.

Pendant toute la durée de son voyage, le *Challenger* a trouvé comme hauteur maximum des vagues rencontrées par lui, 7 mètres entre les iles Crozet et Kerguelen [1]; la *Novara*, 9 mètres et une seule fois 11 mètres dans l'océan Indien, où le lieutenant de vaisseau Pâris a mesuré 11,5 m. Dans l'Atlantique nord, les vagues ne dépassent guère 8 mètres que par coup de vent au milieu du golfe de Gascogne, où Cialdi [2] a trouvé 11,5 m. Le *Vöringen*, par coup de vent du sud, a mesuré 7,8 m à l'est de l'Islande; le *Triton* 7,6 m à l'ouest de l'Écosse, et fréquemment 5 mètres.

Dans les petites mers, les vagues sont bien moins hautes. Dans la Méditerranée, Marsigli prétend avoir trouvé pour hauteur maximum 4,5 m dans le golfe du Lion et Smyth, 9 mètres dans le golfe de Gênes. De très rares observations ont donné comme hauteur maximum 4 mètres dans la mer du Nord et 3 mètres dans la Baltique.

Le lieutenant de vaisseau Pâris s'est spécialement occupé de ces questions [3]; pendant une campagne dans l'extrême Orient, de 1867 à 1870, à bord du *Dupleix* et de la *Minerve*, en 205 jours d'observations, il a mesuré environ 4000 vagues. Il a donné, pour la hauteur des vagues dans les divers océans, les valeurs inscrites au tableau suivant :

OCÉAN.	MOYENNE (m)	MAXIMUM (m)	MINIMUM (m)	RAPPORT de la longueur à la hauteur.
Atlantique (région des alizés)	1,9	6	0	35,2
Océan Indien (Id.)	2,8	5	1	35,3
Atlantique sud (vent d'ouest)	4,3	7	1	31,0
Océan Indien (Id.)	5,3	11,5	2,8	21,5
Mer de Chine est	3,2	6,5	1	24,6
Pacifique ouest	3,1	7,5	0	33,0

[1] Report on the scientific results of the Voyage of H. M. S. Challenger. *Narrative*, vol. I, p. 330.

[2] A. Cialdi, *sul moto ondoso del mare*, Roma, 1866.

[3] Pâris, *Revue maritime et coloniale*, XXXI, pages 114-127, 1871.

Nous avons vu que la profondeur de l'eau n'a pas d'influence immédiate sur la hauteur des vagues; en revanche, les interférences augmentent cette hauteur. Or, comme les interférences se font surtout sentir au voisinage des côtes, dans les espaces resserrés tels que les golfes ou les baies, c'est à elles et non à la diminution de la profondeur qu'il faut alors attribuer l'augmentation de hauteur très réelle des vagues. La situation géographique et topographique de la localité exerce encore une influence considérable. Ainsi, un vent très violent n'agitera que peu les flots protégés par une côte élevée située au-dessus du vent et qu'un vent faible pourra, sur la même côte, les agiter fortement et leur donner une grande hauteur, s'il souffle du côté opposé et après avoir balayé un large espace de mer. Dans les vastes océans, les vagues sont longues; elles ont, en outre, leurs crêtes parallèles et s'étendant en lignes à peu près droites sur de longs espaces; en d'autres termes, elles sont larges. Au contraire, dans les mers plus petites, les vagues sont courtes.

Le congrès de météorologie, qui s'est tenu à Londres en 1874, a conseillé l'emploi de l'échelle internationale suivante pour définir l'état de la mer.

		Hauteur des vagues.
0		0 m
1	de	0 m à 1
2		1 — 2
3		2 — 3
4		3 — 4
5		4 — 5
6		6 — 7
7		8 — 9
8		10 — 15
9		16 — 18

D'après **Pâris**, la vitesse des vagues atteint généralement 11 à 12,5 m par seconde, c'est-à-dire 21 à 24 milles à l'heure; c'est à peu près ce qui a été mesuré par M. Buchanan, près de l'Ascension, à bord du *Silvertown*, par mauvais temps. Dans la région des alizés de l'Atlantique sud, Pâris a trouvé une moyenne de 14 m par seconde, soit 27 milles à l'heure, vitesse qui dépasse celle du vent qui, dans ces mêmes régions, est en moyenne d'environ 10 m à la seconde. Il fixe, dans un océan ouvert, la longueur ordinaire des lames

entre 60 et 140 m, quoiqu'elle soit le plus souvent comprise entre
90 et 100 m, la vitesse entre 11 et 15 m par seconde, c'est-à-dire
entre 20 et 30 milles à l'heure et la période de 6 à 10 secondes.

Ross dit avoir trouvé pour des vagues de houle venant du S. W.
le 19 février 1840, à l'ouest du cap de Bonne-Espérance, une vitesse
de 17 milles à l'heure, soit 40 m par seconde, avec une hauteur de
7 m et une longueur de 580 m.

L'amiral Mottez a mesuré dans l'Atlantique, un peu au nord de
l'équateur, par 30° long. W. environ, une houle de 23 secondes de
période, 824 m de longueur, soit une vitesse de 35,8 m par seconde
ou 70 milles à l'heure.

Pâris a figuré à une même échelle (*fig.* 26) le profil des vagues
moyennes dans la région des alizés de l'Atlantique nord $(2\,h = 2\,m)$ I;
dans la mer des Indes $(2\,h = 2,8\ m)$ II; dans le Pacifique ouest
$(2\,h = 3,1\ m)$ III; dans la région des vents d'ouest, dans l'Atlantique

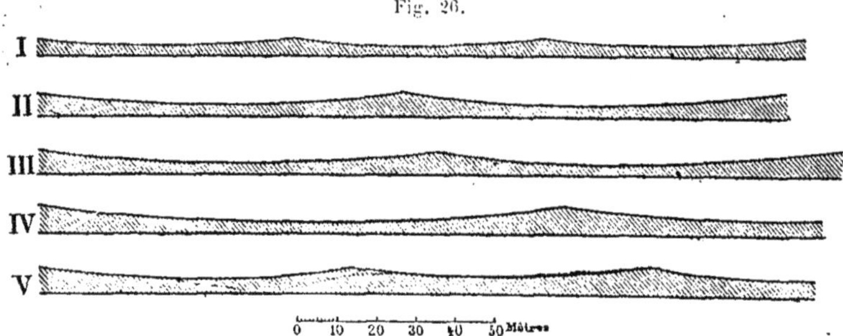

Fig. 26.

sud $(2\,h = 4\ m)$ IV, et enfin dans la mer de Chine V. Sur les quatre
premiers profils, le rapport entre la hauteur des vagues et leur
longueur est de 1/33 environ; dans la mer de Chine, les lames sont
plus courtes, car leur hauteur moyenne étant de 3,2 m et leur longueur de 79 m, le rapport est de 1/25. On a de très grandes longueurs de vagues dans les latitudes méridionales. Le commandant
Chüden, du *Nautilus*, a trouvé en octobre 1879, au S. W. de l'Australie, par fort coup de vent de W. N. W. des vagues de 10 à 11 m
de hauteur sur 300 à 400 m de longueur.

Pâris a résumé dans un tableau pour divers océans, la vitesse, la
longueur et la période de vagues telles qu'elles résultent de l'observation directe ou de l'application des formules :

$$V = \sqrt{\frac{g}{\pi}\lambda} \ \text{(IV)}, \qquad V = \frac{g}{\pi}T \ \text{(VII)}, \qquad \lambda = \frac{\pi}{g}V^2 \ \text{(VIII)}, \qquad \lambda = \frac{g}{\pi}T^2 \ \text{(VIII)},$$

$$T = \sqrt{\frac{\pi}{g}\lambda} \ \text{(II)} \quad \text{et} \quad T = \frac{\pi}{g}V \ \text{(III)}.$$

L'inspection des chiffres oblige à conclure que l'accord n'est qu'approximatif, même en opérant, comme il l'a fait, avec toutes les précautions, c'est-à-dire en mer profonde et aussi loin que possible des côtes.

OCÉAN.	VITESSE (m par seconde).			LONGUEUR (m).			PÉRIODE (secondes).		
	Observée.	Calculée.		Observée.	Calculée.		Observée.	Calculée.	
		$\sqrt{\frac{g}{\pi}\lambda}$.	$\frac{g}{\pi}T$.		$\frac{\pi}{g}V^2$.	$\frac{g}{\pi}T^2$.		$\sqrt{\frac{\pi}{g}\lambda}$.	$\frac{\pi}{g}V$.
Atlantique (région des alizés)	11,2	10,8	10,5	65	70	61	5,8	6,0	6,2
Océan Indien (région des alizés)	12,6	13,1	13,7	96	88	101	7,6	7,3	6,9
Atlantique sud (vents d'ouest)	14,0	15,5	17,1	133	109	163	9,5	8,6	7,8
Océan Indien (vents d'ouest)	15,0	15,2	13,7	114	125	101	7,6	8,0	8,3
Mer de Chine (est)	11,4	11,9	12,4	79	72	86	6,9	6,6	6,3
Pacifique ouest	12,4	13,6	14,7	102	85	121	8,2	7,5	6,9

L'amiral Coupvent des Bois [1] a cherché à établir une relation entre la hauteur des lames et la vitesse du vent. Dans ce but, il a commencé par évaluer cette vitesse, malheureusement, d'après une ancienne échelle à 8 degrés et non d'après l'échelle de Beaufort, comprenant 12 degrés pour chacun desquels on connaît la vitesse correspondante en mètres par seconde. Cette vitesse est indiquée dans le tableau suivant pour les neuf premiers degrés de Beaufort, selon divers auteurs, d'ailleurs assez peu d'accord entre eux.

DEGRÉS DE BEAUFORT.	I.	II.	III.	IV.	V.	VI.	VII.	VIII.	IX.
Réduction d'après :	m	m	m	m	m	m	m	m	m
Meteorological office	3,6	5,8	8,0	10,3	12,5	15,2	17,9	21,5	25,0
Pâris	0,8	1,8	3,4	6,0	9,2	13,1	18,2	23,6	30,1
Antoine	1,0	2,0	4,0	7,0	11,0	16,0	22,0	29,0	37,0
Köppen	3,0	4,0	5,5	7,0	8,0	10,0	12,0	14,0	16,0

[1] Coupvent des Bois, Comptes rendus de l'Académie des Sciences, t. LXII, p. 82, 1866

En comparant les vitesses du vent évaluées en vitesses de 8 degrés, w, d'après l'amiral Coupvent des Bois, et w', d'après Köppen [1] qui s'est spécialement occupé de cette question, et en mettant en regard la hauteur correspondante $2\,h$ des vagues observées par l'amiral, on a le tableau :

DEGRÉS DU VENT.	w (COUPVENT).	w' (KÖPPEN).	$2\,h$	$2h' = \frac{1}{2}\omega'.$
	m	m	m	
1. Faible brise	3	3	1,4	1,5
2. Petite brise	5	5,5	2,0	2,7
3. Jolie brise	8	7	2,7	3,5
4. Belle brise	13	8	3,8	4,0
5. Forte brise	21	10	5,2	5,0
6. Grand frais	33	14	7,0	7,0
7. Tempête	50	18	9,3	9,0
8. Ouragan	73	25	12,0	12,5

L'amiral Coupvent exprime le rapport entre la vitesse du vent w et la hauteur de la lame qu'il soulève par la formule

$$2\,h = A \sqrt[3]{w^2} = A\,w^{\frac{2}{3}}$$

dans laquelle A est une constante égale à 0,68, tandis que Köppen, en se servant des valeurs admises par lui w' pour la vitesse du vent en mètres par seconde, l'exprime par la formule plus simple

$$2h' = \frac{1}{2}\,w'.$$

Antoine [2], en s'appuyant sur la formule de l'amiral Coupvent des Bois, a trouvé que la vitesse de propagation d'une vague était proportionnelle à la racine quatrième de la vitesse du vent

$$V = 6,9\,w^{\frac{1}{4}}$$

et pour la longueur

$$\lambda = 30,5\,w^{\frac{1}{2}}$$

enfin pour la période

$$T = 4,4\,w^{\frac{1}{2}}.$$

[1] Köppen, *Segelhandbuch für den Atlantischen Ozean*.
[2] Antoine, *Revue maritime et coloniale*, t. LX, p. 631, 1879.

·En définitive, les éléments d'une lame, quantités très difficilement
appréciables, puisqu'il est plus que rare d'observer une suite de
lames exactement de mêmes éléments, sont reliés par des formules
en apparence rigoureuses à la vitesse du vent, quantité qu'il est
pour ainsi dire impossible d'évaluer exactement à bord d'un navire
et au sujet de laquelle les divers observateurs, ainsi qu'on le voit
par le tableau précedent, énoncent pour un même degré, des différences variant du simple au double ou même au triple.

Il résulte de ces observations ainsi que de toutes celles des nombreux auteurs qui se sont occupés de ces questions que, pour les
vagues, il y a le plus souvent désaccord entre les formules et la
réalité, et ce désaccord est tantôt en plus, tantôt en moins, tantôt
considérable et tantôt faible. Hagen [1] discutant trois séries d'observations dues à Walker, à Stanley et à Scoresby, trouve que la hauteur des vagues calculée d'après la vitesse, par Walker, est en
moyenne de 11 p. 100 trop faible, par Stanley de 27 p. 100 trop
forte, et par Scoresby de 19 p. 100 trop faible. Bertin, reprenant les
observations de Stanley, constate que les résultats qu'il obtient pour
la longueur des vagues sont régulièrement de 14 p. 100 au-dessus
des valeurs théoriques. Antoine, qui rassemble 202 mesures com-
plètes de vagues prises à bord de bâtiments français, reconnaît que
29 p. 100 seulement offrent une approximation suffisante avec les
valeurs calculées. La théorie de la trochoïde offre l'avantage d'ap-
porter une base aux ingénieurs pour leurs calculs relatifs à la stabilité des navires ; mais il ne faut pas oublier qu'elle s'applique à une
mer idéale et non à une mer réelle où, comme du reste dans toute la
nature, un phénomène, loin de n'avoir qu'une cause unique, ainsi
que le mathématicien est forcé de le supposer, afin de le soumettre
au calcul, est la résultante d'une foule de causes faisant respectivement sentir leur action d'une façon variable à l'infini selon la pré-
dominance de telle ou telle d'entre elles.

Phénomènes secondaires produits par le vent. — Les rides
(*Ripples, Kabbelung*), sont de petites vagues, ne possédant qu'un

---

[1] Walker, *Nautical Magazine for* 1846, p. 123. — Stanley et Scoresby *Report Brit.
Assoc. for* 1850, London, 1851, p. 26. — Bertin, *Mém. Soc. Cherbourg*, XV, 1870,
p. 333. — Antoine, *Revue maritime et coloniale*, 1879, LX, p. 627; LXI, p. 104. Voy.
à ce sujet Krümmel, *Handbuch der Ozeanographie*, II, pp. 45 et pass.

mouvement presque nul de translation horizontale, et qui résultent des interférences produites par la rencontre de vagues chassées par le vent dans deux directions opposées. Un effet analogue résulte du choc de deux courants contraires et s'observe fréquemment dans les espaces resserrés et néanmoins ouverts comme les détroits. Quand il est violent, il est comparable à une eau en ébullition, et on le retrouve à un degré encore plus fort au centre des cyclones où, malgré le calme de l'atmosphère, la mer est démontée par suite d'interférences. On appelle aussi rides la frisure d'une nappe d'eau calme balayée subitement par une risée de vent, quoique, dans ce cas, les rides possèdent un mouvement réel de translation.

Le clapotis est produit par la rencontre de lames venant de directions opposées et résultant, soit du vent (*Muhr See*), soit d'une réflexion due au voisinage d'une côte élevée (*Wider See*), opposant aux vagues un arrêt subit et un retour sur elles-mêmes. Il résulte encore de la rencontre de deux courants, de marées ou autres, comme, par exemple, au Pentland Firth entre les Orcades et l'Écosse où il porte le nom de *Roost*, sur les bancs de Terre-Neuve, par vent du sud, sur le banc des Aiguilles, par vent d'ouest, au cap Malée et ailleurs.

Ces termes sont presque synonymes et leur précision laisse beaucoup à désirer. Il ne peut en être autrement, puisqu'ils désignent des phénomènes extrèmement complexes, bien que se traduisant par des effets identiques.

On a remarqué que sous l'action du vent, la mer grossissait d'abord rapidement et qu'après avoir atteint une certaine limite, le vent pouvait augmenter sans que les lames devinssent plus hautes, de sorte qu'elles parvenaient à un maximum au delà duquel elles demeuraient constantes. Dans ces conditions d'égalité de hauteur, chacune d'elles protège, en effet, celle qui la précède au-dessous du vent dont la force même tend à araser violemment, en la pulvérisant, l'eau du sommet des crêtes, qui d'ailleurs présente en ce point une épaisseur moindre. On dit alors que le vent coupe les lames et la mer fume.

Au contraire, la grêle et la pluie abattent la mer. M. Osborne Reynolds [1] a étudié systématiquement ce phénomène en laissant

---

[1] Osborne Reynolds, *on the action of rain to calm the sea*, Nature, XI, 279, 1875.

tomber dans un vase rempli d'eau des gouttes d'eau colorée. Chacune d'elles tombe en anneaux d'une forme extrêmement symétrique, sortes de tores tourbillonnant sur eux-mêmes et se divisant en tores plus petits qui descendent avec une vitesse décroissante et en augmentant de diamètre. Cet élargissement dépend de la grosseur et de la vitesse de chute de la goutte. Il est évident que de cette façon, et à plus forte raison pour la grêle, le mouvement des molécules liquides à la surface est contrarié et diminue d'intensité.

On a attribué au brouillard et à la brume la propriété d'augmenter la hauteur des vagues. Le phénomène aurait été remarqué sur les bancs de Terre-Neuve. Peut-être en est-il ainsi parce que, comme le fait observer Krümmel [1], dans ces parages, les brumes ont lieu par des vents du sud, qui font brusquement passer les vagues d'une eau plus profonde à une eau moins profonde, ce qui, indépendamment du phénomène d'interférence, grossit la mer d'autant plus que le courant venant du nord, agit alors dans une direction opposée. On a pensé aussi qu'il n'y avait en réalité qu'une illusion d'optique consistant en ce que, par brouillard, on n'apercevait à la fois qu'une seule lame, dont on était porté à s'exagérer la hauteur. D'autre part, il semble plutôt que la brume ayant lieu en général pendant un calme de l'atmosphère doit, non pas produire un apaisement de l'agitation des flots, mais y correspondre. Il est vrai que l'action des interférences peut alors augmenter d'importance et contribuer à surélever les lames. En tous cas, il conviendrait de commencer par établir l'existence certaine du fait. Cialdi [2] rapporte une observation de Mme Sommerville, que l'expérience lui a d'ailleurs confirmée : quand l'air est humide, son adhérence avec l'eau diminue, et par conséquent son frottement contre elle ; il en résulte que la mer est toujours moins grosse par temps pluvieux que par temps sec.

Action de l'huile sur les vagues. — L'action du vent sur la mer est notablement modifiée par la présence de certains corps flottant librement dans l'air ou sur l'eau, comme l'huile, la glace, la boue et les herbes.

[1] Krümmel, *Handbuch der Ozeanographie*, II, 82.
[2] Cialdi, *sul moto ondoso del mare*, p. 83.

Les frères Weber ont étudié particulièrement l'action de l'huile, et dans leur ouvrage [1], ils donnent un historique détaillé de la question. Le phénomène est connu depuis longtemps, puisque déjà Aristote [2] avait remarqué que l'huile rendait l'eau plus transparente, et Plutarque [3], cherchant à s'expliquer cet effet, ainsi que le calme subit produit sur l'eau agitée, supposait qu'on pouvait l'attribuer à la non-adhérence entre l'air en mouvement et l'eau. Pline le naturaliste [4] avait à son tour recueilli l'observation et, selon sa méthode habituelle, s'était borné à en répéter le récit.

Pendant tout le moyen âge, aucune expérience n'est exécutée, quoique de nombreux auteurs, Canisius [5], Erasme [6] de Rotterdam, Linnée [7], affirment de nouveau que le fait est connu et mis à profit par les marins; mais Franklin [8], le premier, pense à le vérifier synthétiquement. Ces travaux furent repris par Otto [9], par Lelyveld [10], Van Beek [11], pour ne citer que les principaux.

Franklin, après avoir relevé les observations d'une foule de navigateurs américains, anglais et hollandais, Gilfred, Lawson, Brownrig, Pennant. Pringle, Tengnagel, commença ses expériences sur un étang à Clapham, vérifia la propriété de l'huile de s'épancher en nappe à la surface de l'eau, évalua l'épaisseur de la couche mince et constata son effet sur les vagues. Il les reprit avec Smeaton à Leeds, et en octobre 1773, avec Bentink, Banks, Solander et Blagden, à Portsmouth, où il reconnut que l'usage de l'huile ne donnait aucun

---

[1] Weber, *Wellenlehre auf Experimente gegründet, etc.* (Abschnitt, II, 2). Ueber die Besäuftigung der unter dem Einflusse des Windes erregten Wellen durch die Ausbreitung von Oelen auf der Oberfläche der Wassers; pages 60-90.

[2] Aristote, *Problem.*, XLI.

[3] Plutarch., *Quæst. nat.*, cap. XII.

[4] Plinii, *Histor. nat.*, lib. II, cap. 103, 106.

[5] Canisius, *Lect. ant.*, t. II, p. 8. Edit. Bas.

[6] Erasmus, *Colloq. e recens. P. Rabi*, Ulm 1747, 8, p. 262.

[7] Linnæus, *Reise durch Westgotland*, S. 304.

[8] Franklin, Phil. Transact. for the year 1774, vol. LXIV, P. II, *of the stilling of waves by means of oil.*

[9] Otto, *das Oel ein Mittel die Wogen des Meeres zu besauftigen*, in den allgemeinen geographischen Ephemeriden. B II, S. 547 Weimar, 1798.

[10] Lelyveld, *Essai sur les moyens de diminuer les dangers de la mer par l'effusion de l'huile, du goudron ou de quelque autre matière flottante.* Amsterdam, 1776, 8.

[11] Van Beek, *Mémoire concernant la propriété des huiles de calmer les flots et de rendre la surface de l'eau transparente.* Annales de Chimie et de Physique. Paris, 1842, t. IV, pag. 257 et seq.

résultat s'il s'agissait de calmer des flots déferlant sur des hauts-fonds. Il formula alors sa théorie de la façon suivante :

L'air est attiré par l'eau puisque toute eau contient de l'air et en absorbe de nouveau, si par l'ébullition on a chassé celui qu'elle renfermait [1]. L'air adhère donc à l'eau, s'étale en nappe au-dessus d'elle et entraîne, quand il se meut, les particules liquides superficielles en contact avec lui. Or celles-ci adhèrent aux particules immédiatement sous-jacentes qui les retiennent et les empêchent de posséder jamais une vitesse égale à celle de l'air. Cependant, lorsque la pression a atteint une certaine valeur, l'air se détache de l'eau et glisse de nouveau à sa surface jusqu'à ce que son effort étant suffisamment diminué, et sa vitesse ralentie, il soit de nouveau arrêté par l'eau et que le phénomène décrit précédemment se renouvelle.

L'huile empêche toute adhérence entre l'air et l'eau. En outre, comme la surface d'une grosse vague, loin d'être lisse et unie, est couverte de petites rides secondaires qui en rendent la surface rugueuse, le vent y possède plus de prise, augmente la vitesse et les dimensions de la vague, à moins qu'une couche d'huile ne supprime à la fois la cause et la conséquence.

Les expériences des frères Weber confirment la théorie de Franklin, tout en la complétant. Leurs essais ont été faits avec de l'huile de navette, d'olives, d'amandes, de térébenthine, de lavande, de girofle, de pétrole, et avec de l'ammoniaque. Ils ont vu que :

L'huile s'étend en nappe sur l'eau, pourvu toutefois que la surface de celle-ci soit absolument exempte de matière grasse ou huileuse et d'autant plus vite que sa quantité est moindre. Lorsque cette quantité est trop abondante, l'huile se rassemble en gouttes ou forme une sorte de réseau semé de trous.

Les huiles essentielles s'étalent mieux que les huiles grasses; on peut donc les employer en plus grande quantité sans cesser de produire l'étalement de la nappe.

Toutes les huiles éteignent les rides de l'eau ; les huiles essentielles, qui s'étalent mieux et plus vite, s'évaporent rapidement et leur action sur les vagues cesse bientôt.

---

[1] On ne saisit point le rapport entre la propriété possédée par l'eau de dissoudre les gaz et l'adhérence de l'air en mouvement au-dessus d'une nappe d'eau. Nous avons tenu à conserver dans son entier l'exposé même de la théorie tel qu'il a été fait par Franklin.

L'ammoniaque répandue sur l'eau huilée refoule devant elle la nappe d'huile. La plus faible trace de matière grasse empêche le mouvement gyratoire que prend un morceau de camphre jeté sur l'eau. Ce mouvement, étudié par Prévost [1], Carradori, Venturi et Link, a été plus tard mis à profit par M. F.-A. Forel [2] pour démontrer la nature huileuse de taches appelées fontaines ou chemins sur le lac Léman et sur l'aire desquelles les rides de l'eau sont apaisées.

Les frères Weber admettent l'explication donnée par Franklin. Ils remarquent néanmoins que l'action oblique du vent sur la surface de l'eau se divise en deux composantes, l'une horizontale et l'autre verticale. La première chasse l'huile en avant et par conséquent ne trouble pas l'eau, puisque la nappe d'huile n'adhère pas, et en outre le vent lui-même glisse sur l'huile, sur laquelle il n'a pas de prise. Il ne reste à considérer que la faible composante verticale, peu propre à soulever les vagues, dont elle trouble aussi bien qu'elle favorise la formation. En effet, comme sur une moitié de chaque vague les molécules liquides montent et descendent, sur l'autre moitié, le vent agissant perpendiculairement empêche autant cette montée qu'il favorise la descente. Si l'on souffle au moyen d'un tube perpendiculairement à la surface du mercure contenu dans un vase, on ne produit de vague qu'au moment où l'on commence et au moment où l'on cesse. Pendant la durée du souffle, on n'observe sur le mercure qu'une dépression sans aucune vague. Au contraire, de grosses vagues apparaîtront dès qu'on soufflera obliquement.

M. Virlet d'Aoust avait, en France, observé ce calme dont jouissaient, même par des vents violents, quelques régions maritimes voisines d'émanations ou de sources de pétrole, comme à l'isthme de Tehuantepec, au détroit de Kertch et sur la mer Caspienne. Le phénomène a éprouvé, dans ces dernières années, un regain de popularité, et une foule d'appareils ont été imaginés pour répandre l'huile sur les flots. Sa quantité n'a pas besoin d'être considérable, car, en se basant sur la coloration présentée, on a calculé qu'il suf-

---

[1] Prévost, *Ann. de Chim.*, t. XXI, p. 259, 1797; Carradori, *Gilberts Ann.*, XII, 108; Venturi, *Gilberts Ann.*, XXIV, 147; Link, *Gilberts Ann.*, XXVI, 146 *in* Weber, *loc. cit.*, p. 82.

[2] F.-A. Forel, *Les taches d'huile connues sous le nom de fontaines et chemins du lac Léman*, Bulletin de la Société vaud. des Sciences naturelles, n° 69, p. 148, 1873.

fisait d'une couche épaisse de 0,0001115 mm pour l'huile d'olives et de 0,0000936 mm pour l'huile de navette.

L'huile, supprimant les rides de l'eau, permettra d'apercevoir bien plus nettement un objet immergé. Les rayons lumineux émanant de l'objet traversent alors une surface plane ; ils éprouvent une réfraction nulle quand ils sont perpendiculaires, et beaucoup plus faible et régulière que si la surface était ondulée et en mouvement. La lunette d'eau, simple cylindre de bois ou de métal terminé par une vitre et qu'on plonge dans l'eau, agit de la même façon.

Un effet analogue à celui de l'huile pour calmer les vagues est produit par toute autre substance flottant dans l'eau et agissant pour diminuer l'adhérence du vent et aussi pour rompre mécaniquement le rythme de l'ondulation dès son début. Scoresby a le premier décrit le calme subit provoqué sur la mer lorsque celle-ci, venant à se congeler, sa surface se couvre de minuscules cristaux de glace formant la bouillie glacée nommée *Sludge* ou *Eisbrei*. Une nappe de goudron, dit Vancouver [1], donne encore le même résultat.

Achard [2] a vu que des tonnes en bois, vides et bouchées, ou des caisses en fer-blanc pleines d'air, arrêtent aussi le mouvement des vagues. On sait que la mer des Sargasses, dans l'Atlantique, n'est jamais agitée. Les frères Weber comparent le grossissement de la vague, sous l'action du vent, au mouvement violent qu'on finit par communiquer à une cloche pesante par de simples poussées faites du bout du doigt, mais bien synchroniquement avec l'oscillation sans cesse grandissante. Les corps flottants détruisent le synchronisme.

On ne sait exactement si le vent, après avoir balayé une surface de mer huilée, n'agit pas plus fortement lorsqu'il finit par trouver, en continuant sa route, une surface de mer non recouverte par l'huile. On ne voit pas, *à priori,* de motif pour qu'il en soit ainsi.

Action du voisinage immédiat du fond sur les vagues. — Nous savons que le voisinage du fond :

[1] Vancouver : *Voyage de découvertes à l'océan Pacifique du Nord et autour du monde, etc.,* exécuté de 1790 à 1795, Paris, an VIII.

[2] Achard, *Sammlung physikalischer und chemischer Abhandl.* B. I, Berlin 1784, p. 83.

diminue la vitesse des lames qui est proportionnelle à la racine carrée de la profondeur ($V = \sqrt{gp}$ form. XVII),

diminue leur longueur qui est proportionnelle à la profondeur ($\lambda = 2\pi p$ form. XIX),

ne modifie pas la période,

augmente la hauteur, car le mouvement de progression des portions profondes de la vague, gêné par le fond contre lequel elles frottent et qui les arrête, donne une composante verticale de bas en haut ayant pour conséquence de surélever la crête. Celle-ci prend alors un état d'équilibre instable et se brise en retombant sous son propre poids. C'est le brisement (*Brandung*) qui se manifeste par un bouillonnement et une apparition d'écume.

Le brisement peut aussi avoir lieu dans une eau profonde où les lames sont subitement arrêtées et réfléchies par une côte à pic. Il se produit alors des interférences et l'on a des jaillissements d'eau qui parfois s'élèvent en une gigantesque colonne d'eau verticale atteignant jusqu'à 30 m de hauteur, comme à Eddystone ou à Bell-Rock. On expliquerait encore ces jaillissements par l'effet mécanique du choc communiqué à la masse d'eau relativement faible et immobile, au voisinage du rocher, par la masse énorme de l'eau arrivant du large.

D'autre part, le fond étant proche, les molécules liquides superficielles se meuvent encore très rapidement, tandis que les molécules inférieures possèdent des orbites d'autant plus rectilignes qu'elles sont plus voisines du sol. Or, si on considère, au lieu d'une ondulation typique sans progression en avant, un mouvement de l'eau tel qu'il se présente dans la nature pour les vagues et avec sa complication principale qui est précisément cette progression, le voisinage du fond aura pour effet de retarder et même d'arrêter ces molécules avec d'autant plus de force que leur trajectoire sera plus rectiligne, c'est-à-dire qu'elles seront plus voisines du sol. Très près du bord, il se fera même un mouvement en sens inverse. Le phénomène sera alors le ressac et se traduira encore par une apparition d'écume.

En résumé, les phénomènes sont manifestés à l'œil par de l'écume, bien qu'ils résultent tantôt de l'instabilité des vagues surélevées, tantôt d'interférences et tantôt enfin d'une différence de vitesse entre la nappe supérieure et la nappe inférieure de la vague. La cause première est cependant toujours la distance du fond, assez peu éloigné de la surface dans les deux premiers cas et extrèmement voisin dans le troisième. Théoriquement, le brisement et le ressac sont différents aussi bien de genèse que de nom ; pratiquement, il est aisé de les confondre, et c'est pourquoi, lorsqu'on examine les mesures données par les divers observateurs, on trouve des nombres peu concordants. Tandis que d'après les formules de Hagen et de lord Rayleigh et les observations de Scott Russell, Bazin et Stevenson, le brisement a lieu lorsque la profondeur de l'eau devient inférieure à la hauteur de la vague, Cialdi [1] indique, d'après divers auteurs, que les lames brisent par des fonds de :

14 à 18 m...	Près de l'ile Robben, cap de Bonne-Espérance.
15 à 17.....	Sur la côte de la Guyane.
17 à 20.....	Près d'Estapa, côte du Guatemala.
20 à 27 à 31.	A Porto-Santo, Madère.
20 à 22.....	Djidjelli, Algérie.
20 à 27 à 30.	Sur la côte nord d'Espagne.
48.........	A Terceire, Açores.
46 à 57.....	A Punta Robanal, côte nord d'Espagne.
84.........	Sur la côte de Syrie.

Tizard admet que l'influence du fond se fait sentir sur la lame, qui devient plus courte et plus haute au-dessus de la crête Wyville Thomson, au nord de l'Écosse, par 400 à 500 m de profondeur.

Les conclusions sont les suivantes. Le phénomène dépend de la localité et, pour une même localité, de la direction d'où viennent les vagues, c'est-à-dire du vent, de la grosseur de celles-ci et par conséquent de la durée de l'action exercée par le vent, sans compter de nombreuses autres causes de complication dont il est impossible de faire la part. Il est donc essentiellement variable et si, dans un but particulier, tel que la pose d'un câble télégraphique sous-marin ou des travaux de construction, il devient nécessaire de posséder des valeurs précises, il faudra les obtenir par des expériences directes pour l'endroit considéré et dans des conditions déterminées. L'emploi du trace-vagues pourra rendre d'utiles services.

On dit que la vague déferle lorsqu'elle arrive sur une plage en pente douce ; sa surface ne modifie que relativement peu sa vitesse à mesure que le fond se rapproche, tandis que les couches d'eau sous-jacentes sont fortement retardées. Il en résulte que la crête de

[1] Cialdi, *sul moto ondoso del mare*, pag. 145 et seq.

la vague cesse d'être symétrique (*fig.* 27), s'incline dans le sens du mouvement, d'abord légèrement, puis de plus en plus, jusqu'à ce que cette surface, finissant par être en surplomb, s'effondre sous son propre poids en produisant une volute, un bouillonnement et par conséquent une ou plusieurs franges d'écume.

Fig. 27.

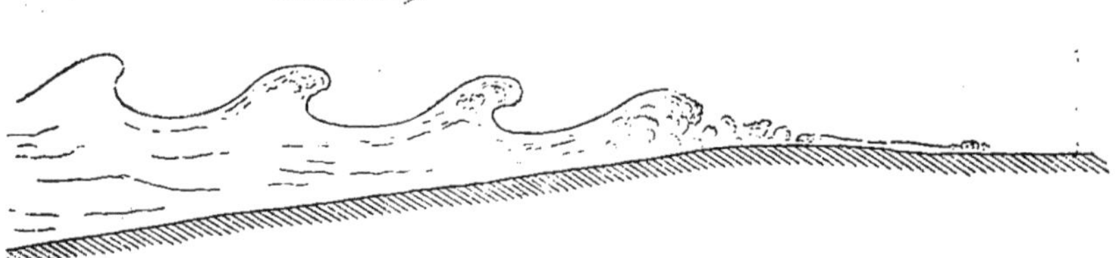

Le ressac est encore exagéré par un phénomène secondaire. Le vent entasse sur le rivage une masse considérable d'eau qui s'écoule entre chaque lame et communique aux couches liquides voisines du sol, qui s'approchent, un mouvement franchement inverse, de la terre vers la mer. Le courant entraîne avec lui les galets et le sable qu'il affouille et rend mouvants ; il est très dangereux pour les bai-gneurs qui, se tenant debout, ont le haut du corps poussé vers la terre, tandis que leurs jambes sont au contraire chassées vers la mer.

De quelque côté que vienne le vent, les vagues arrivent toujours dans une direction à peu près perpendiculaire à la plage sur laquelle

Fig. 28.

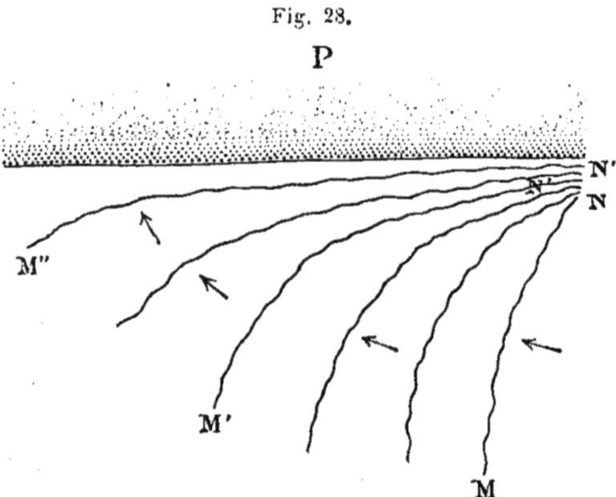

elles déferlent. Supposons en effet une vague M N (*fig.* 28) appro-chant dans une direction quelconque, oblique à la plage P ; à

Fig. 29

mesure qu'elle s'avance, elle trouve, normalement à sa propagation, des fonds s'élevant beaucoup plus rapidement à sa droite qu'à sa gauche, de sorte que son mouvement étant beaucoup plus ralenti en N qu'en M, elle prend successivement la position M′N′ et enfin la position M″N″ presque parallèle à la plage.

La figure 29 représente, d'après une photographie instantanée, le phénomène d'une vague déferlant ainsi que le changement de direction qu'elle subit, lorsque le vent qui la pousse souffle dans une direction oblique à la côte. Dans le cas du dessin, le vent arrive par le côté gauche.

Le ressac possède quelquefois des proportions gigantesques lorsqu'il est produit par de très grosses vagues ayant parcouru un océan vaste et profond. Sur les côtes où on le constate, son intensité, variable dans le cours d'une année, est maximum aux époques où les vagues sont les plus fortes, c'est-à-dire résultent d'un vent violent et soufflant pendant un temps considérable dans la même direction. Le ressac, combiné peut-être à un brisement, donne lieu aux *Rollers* de l'île Saint-Paul, de l'Ascension et de Sainte-Hélène, où leur direction est du S. et du S.-W. pendant l'hiver de l'hémisphère sud, tandis qu'elle est du N.-W. pendant l'hiver de l'hémisphère nord ; leur fréquence est la même que celle des coups de vent du S.-W. et du N.-W. des portions intertropicales de l'Atlantique.

La *kaléma* ou barre de la côte d'Afrique est encore un phénomène de ressac et augmente aussi d'intensité de juin à septembre, époque des coups de vent dans l'Atlantique. Peschuel-Lösche a trouvé à la vague qui la forme, en septembre, une période moyenne de 15,1 secondes, une longueur de 350 m et une vitesse de 45 à 46 milles à l'heure, soit 23,5 m par seconde. Tantôt la kaléma forme un seul rouleau, comme à la Côte d'Or, tantôt trois, comme au Dahomey. On retrouve le même phénomène dans un grand nombre de localités : sur les côtes basses à dunes comme celles des Landes ; sur les côtes orientales des États-Unis ; sur la côte de Coromandel, près de Madras ; dans l'océan Indien, à Sumatra, aux Paumotou ; dans le Pacifique, sur la côte du Pérou. La barre sera étudiée en détail à propos des phénomènes de contact entre la terre et la mer.

Les lames de fond sont des vagues venant du large, se propageant au sein des eaux, sans que les couches liquides superficielles participent à leur mouvement ; elles suivent la surface du sol sous-marin.

et, lorsqu'elles sont brusquement arrêtées par un haut-fond, elles remontent et se font sentir à la surface de l'eau en donnant lieu à une poussée verticale assez violente pour faire couler à pic les petits bâtiments, tels que les barques de pêche, qui se trouvent au-dessus du haut-fond. Une personne assise dans une baignoire reproduit cet effet au moyen d'un brusque mouvement de la main profondément immergée; elle provoque alors une vague dont on perçoit la marche le long du corps et qui apparaît à la surface après qu'elle a remonté le long du buste. Les lames de fond sont très dangereuses; elles n'ont lieu que sur les hauts-fonds, endroits plus poissonneux et, pour ce motif, particulièrement fréquentés par les pêcheurs. On suppose qu'elles sont dues à des secousses de tremblements de terre ou de mer. Pour être fixé à ce sujet, il conviendrait de savoir le point d'où elles viennent et vérifier si ce point est toujours le même pour un même lieu.

On donne encore le nom de lames de fond à des lames isolées qui se rencontrent en pleine mer; elles sont très probablement aussi de nature séismique.

Pression exercée par les vagues. — La puissance d'une vague se précipitant contre un obstacle immobile est évidemment variable avec la dimension de cette vague, sa vitesse et avec la profondeur, puisque le mouvement des molécules liquides diminue très rapidement à mesure qu'on s'éloigne davantage de la surface. On devra donc la mesurer directement dans chaque localité. L'ingénieur Thomas Stevenson s'est servi dans ce but d'un dynamomètre spécial.

L'appareil qu'on expose horizontalement au choc des vagues se compose d'un disque métallique supporté par quatre tiges perpendiculaires qui s'enfoncent plus ou moins dans l'intérieur d'un cylindre creux en comprimant un très fort ressort à boudin (*fig.* 30). Le changement de longueur de ce ressort déplace des rondelles de cuir enfilées à intervalles le long d'une tige fixe. Après l'expérience, on ramène avec une presse hydraulique le ressort à occuper la même position qu'au moment où il touchait la dernière rondelle déplacée, et l'on connaît ainsi la compression exercée par la vague. L'appareil est solidement installé à marée basse dans une chambre pratiquée dans un rocher.

Stevenson a expérimenté avec cet appareil dès l'année 1843; il a

constaté, ainsi qu'on pouvait s'y attendre, que la force des vagues
était en moyenne au moins trois fois plus considérable en hiver
qu'en été. A Skerryvore, où l'on a employé simultanément deux

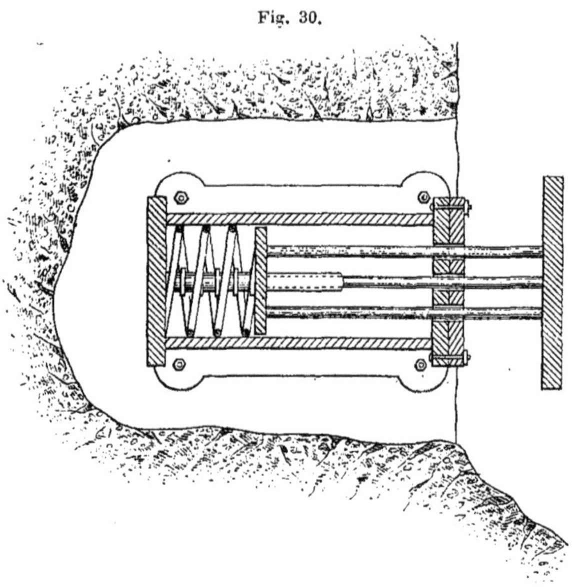

appareils, l'un à la surface, le second à 12 m en avant vers la haute
mer et à quelques pieds de profondeur, on a observé que la pression
indiquée par ce dernier n'était que la moitié de celle enregistrée par
le premier.

Sur divers points de la côte d'Écosse, Stevenson a trouvé les
valeurs suivantes en tonnes de 1000 kilog et par mètre carré :

	Mètres.
Phare de Skerryvore (côte ouest)	29,7
Phare de Bellrock (côte est)	14,7
Dunbar (côte nord)	34,2

La mer a parfois une puissance effroyable. On a vu un bloc de
gneiss pesant 7500 kilog déplacé horizontalement de 22 m ; d'autres
pesant de 6 à 13 tonnes ont été portés à un niveau supérieur de
20 m à celui qu'ils occupaient primitivement. A Wick, sur la mer
du Nord, un bloc de 1350 tonnes a été jeté à une distance de 10 à
15 m.

Profondeur à laquelle se fait sentir le mouvement des vagues. — La connaissance de la profondeur à laquelle se fait sentir le mouvement des vagues est extrêmement importante au point de vue théorique à cause de divers problèmes relatifs à la sédimentation et au point de vue pratique, comme par exemple lorsqu'il s'agit d'immerger des câbles télégraphiques sous-marins qui seraient promptement détruits si on les posait dans des fonds trop agités. On s'explique ainsi les nombreuses recherches théoriques auxquelles cette question a donné lieu, recherches d'ailleurs assez infructueuses, ainsi que le prouve l'extrême diversité des résultats obtenus. Considérée d'une manière générale, la limite d'agitation des molécules liquides sous l'action du mouvement des vagues superficielles n'existe que si on spécifie le lieu et la force des vagues. Encore faudra-t-il savoir si les vagues mesurées sont directes ou résultent d'interférences, car, dans ces deux cas, leur nature est différente, et il en est de même du mouvement des molécules d'eau inférieures. Nous avons vu, par un tableau du commandant Cialdi, combien sont variables, suivant les localités, les profondeurs où se produit un brisement des lames, et celles-ci sont si étroitement reliées aux limites d'agitation due au mouvement des vagues, qu'on devra par suite mesurer directement en chaque point.

Les frères Weber ont démontré expérimentalement avec leur auge que les particules en suspension dans l'eau oscillaient encore à une distance égale à 350 fois la hauteur de la vague. Le fond de la mer du Nord ou de la Baltique, dont la profondeur ne dépasse pas 30 m, serait donc agité par des vagues de 8 cm de hauteur. Les fortes tempêtes de l'Atlantique remuent les sédiments de la crête Wyville Thomson; par 1150 m elles y usent et même y brisent les câbles télégraphiques.

On a supposé à tort que le fait de recueillir des grains de sable quartzeux arrondis en une localité suffisait pour indiquer que le mouvement des vagues de surface s'y faisait sentir. Il n'en serait ainsi que si le sable avait été formé à cette place même et, pour atteindre ces profondeurs, n'avait pas passé par des fonds plus élevés, où il avait eu toute possibilité de s'arrondir.

En réalité, la limite des frères Weber est pratiquement beaucoup trop éloignée de la surface. Quand la surface est agitée, les couches d'eau inférieures exigent un temps relativement assez considérable pour se mettre en mouvement. Or, si le vent et les vagues, même en restant d'intensité constante, changent de direction pendant cet intervalle, l'action qui, dans la couche profonde, se faisait sentir parallèlement changera aussi de direction, de sorte qu'un nouveau laps de temps se passera à retarder, souvent à annuler ou même à donner une nouvelle direction au premier mouvement. Mais, pendant ce temps, surviendra un calme ou un coup de vent dans une troisième direction, de telle sorte que, sauf dans de très rares conditions de continuité persistante des vagues et du vent, la somme de ces variations s'annule pratiquement bien avant que la profondeur de 350 fois la hauteur des vagues ne soit atteinte. L'inertie de l'eau joue dans le phénomène un rôle capital aisément méconnu. Il ne faut pas oublier, en outre, que sur la mer, par suite des interférences, la hauteur mesurée des lames n'est presque toujours qu'apparente et fort loin de donner la dimension de la trochoïde de surface sur laquelle, indépendamment de toute autre perturbation,

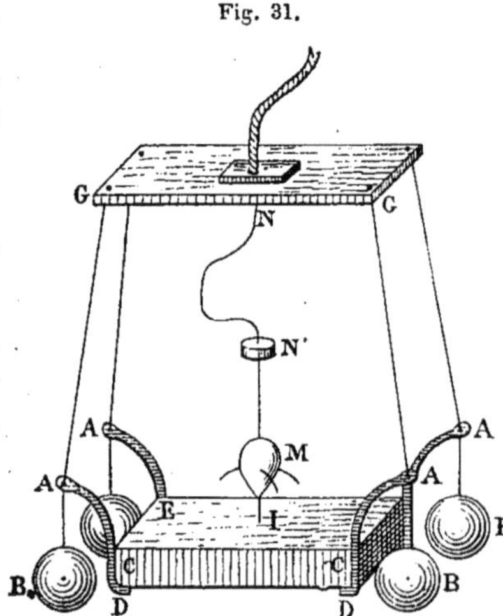

Fig. 31.

devraient être basées les évaluations du mouvement des molécules profondes. On pourrait encore prendre en considération l'action des courants superficiels et profonds et d'autres causes encore.

Aimé [1] s'est occupé en 1839 de chercher la profondeur à laquelle se fait sentir le mouvement des vagues dans la rade d'Alger.

L'appareil employé par lui consiste en une boîte carrée (*fig.* 31) en bois C D E de 1 m de côté sur 0,25 m de hauteur, remplie de pierres et portant, à ses quatre coins, quatre forts barreaux de fer A terminés par un anneau à travers lequel passe

---

[1] Aimé, *Recherches expérimentales sur le mouvement des vagues,* Annales de Chimie et de Physique, 3ᵉ série, t. V, p. 417, 1842.

une corde attachée d'une part au flotteur en bois G, et à son autre extrémité à un boulet B, du poids de 18 kilog. Une toupie en bois M, haute de 25 cm, est armée de pointes de fer ; elle est attachée au centre de la boîte par une petite corde et au flotteur G par une autre corde N N' portant un second petit flotteur N'. La longueur totale N I est égale à la longueur de chacune des cordes tenant les boulets, de sorte que lorsqu'on descend l'appareil ou qu'on le remonte, les boulets viennent buter contre les supports A, le système N I est tendu et la toupie ne peut osciller. Au contraire, quand l'appareil repose contre le fond, le poids des boulets fait raccourcir les cordes A G, la corde N N' se détend et la toupie qui flotte est en état d'obéir aux oscillations de l'eau qui l'environne. Comme la surface de la boîte D C E est recouverte d'une mince feuille de plomb, si la toupie s'agite, les pointes dont elle est armée viennent produire des points ou des trous sur la feuille de plomb.

Le poids total de l'appareil était d'environ 200 kilog. La corde longue de 40 m qui le reliait à la surface, à cause de son poids, portait trois petits flotteurs également espacés.

L'appareil plongé par 40 m de profondeur, à environ 1 kilom de la côte, pendant un mois, donna « des empreintes très légères, mais en nombre suffisant pour prouver qu'il y avait eu un petit mouvement » ; sous la feuille de plomb, on trouva du sable « d'une ténuité extrême ». Durant ce mois, on estima la plus grande hauteur des vagues à 3 m pendant plusieurs coups de vent.

Les cicatrices observées sur la feuille de plomb sont toujours symétriques par rapport au centre.

Écume. — Lorsqu'un liquide est agité tumultueusement au contact d'un gaz, la portion de ce gaz non dissoute se sépare en bulles isolées. Grâce à leur faible poids spécifique, les bulles remontent à la surface dès que le mouvement du liquide cesse ou devient moins violent ; elles persistent pendant un certain temps, puis crèvent et disparaissent. L'agglomération plus ou moins persistante d'une grande quantité de ces bulles constitue l'écume.

Si les conditions de formation de l'écume sont assez simples, il en est autrement des conditions de persistance. Il résulte de la définition précédente que ces dernières seront celles qui règlent la persistance d'une bulle gazeuse en contact d'un côté avec un liquide et de l'autre avec un gaz de nature identique ou différente de celle du gaz contenu dans la bulle ; elles dépendent aussi de la nature du liquide, du gaz intérieur et du gaz extérieur.

La nature du liquide et sa viscosité possèdent évidemment une influence. En secouant à l'air de l'eau pure ou de l'alcool pur, les bulles éclatent immédiatement, et néanmoins, d'après lord Rayleigh [1], un mélange d'eau, avec 5 p. 100 d'alcool, présente quelque tendance à la persistance des bulles, c'est-à-dire à la formation d'écume. Les matières inorganiques dissoutes ont une influence assez faible, car une forte dissolution de sel marin écume fort peu.

Au contraire, les matières organiques en dissolution dans l'eau lui communiquent avec énergie la propriété d'écumer. Chacun connaît la mousse de l'eau de savon ; la colle, le camphre et la gélatine agissent même en très petites quantités. C'est avec un mélange d'eau et de liquides sécrétés que certains poissons et animaux pélagiques, comme la Janthine (*Janthina fragilis*) construisent en bulles d'air des nids et des flotteurs où ils enferment leurs œufs et qui possèdent une remarquable durée. Cette action n'a jamais été étudiée expérimentalement.

L'évaporation joue un rôle important : si elle est lente, elle permet aux bulles agglomérées de persister longtemps, c'est-à-dire de constituer de l'écume. En se bornant à ne considérer qu'une seule bulle, il est évident que plus la pellicule de liquide enveloppant tardera à s'évaporer et plus la bulle elle-même persistera. La mousse d'eau de savon glycérinée en fournit un exemple. Il est probable que l'énergie avec laquelle agissent les matières organiques dissoutes provient surtout de la résistance qu'elles apportent à l'évaporation ; quelques expériences établiraient facilement ce point. Parmi les phénomènes si nombreux et si complexes s'accomplissant lorsque, pendant un gros temps, on répand de l'huile sur les vagues, peut-être faut-il compter cette même cause ; les bulles d'air ainsi maintenues et non pas accolées, mais éparpillées à la surface, tendraient à ralentir le mouvement de glissement des molécules d'eau les unes sur les autres et par suite à calmer les vagues. L'action présenterait

[1] Lord Rayleigh, Meeting of the Royal Institution *in* Nautical Magazine, May, 1890, p. 454.

une certaine analogie avec celle de la pluie pour apaiser l'agitation de la mer.

L'effort exercé de dedans en dehors sur la pellicule par le gaz inclus tend à produire l'éclatement des bulles. Plus la tension intérieure sera faible par rapport à la tension extérieure et plus les bulles se maintiendront. Toutes choses égales d'ailleurs,. sur mer, l'écume sera donc plus abondante ou, ce qui revient au même, persistera davantage lorsque l'eau et par conséquent l'air inclus seront chauds tandis que l'air extérieur sera froid et aussi quand la pression barométrique sera forte.

Il y aurait intérêt à vérifier par l'observation l'exactitude de ces déductions théoriques et à les appuyer par quelques expériences synthétiques.

CHAPITRE II.

ONDULATIONS SÉISMIQUES.

Nous avons vu précédemment[2] que le globe était presque continuellement agité par des mouvements dits séismiques, se rattachant en général, directement ou indirectement, à des causes volcaniques et se manifestant sur la mer et sur les côtes par des phénomènes le plus souvent à peine perceptibles mais qui, d'autre fois, prennent une importance considérable par les terribles ravages qu'ils exercent. Leur manifestation principale consiste en une ondulation progressive et c'est à ce titre que nous allons les étudier ici. Le mouvement part d'un centre dont on peut calculer la position, à une faible profondeur au sein de la croûte terrestre ; il se traduit par des secousses verticales, des secousses horizontales et des ondulations se propageant à travers le sol, à travers l'air et à travers la mer. On donne le nom d'épicentre au point où le rayon terrestre passant par le centre rencontre la surface.

Secousses; ondulations à travers le sol et à travers l'air. — La manifestation initiale du phénomène est un choc brusque projetant à la surface les objets dans une direction verticale, oblique ou horizontale selon qu'ils sont situés sur l'épicentre même ou qu'ils en sont plus ou moins éloignés. La secousse est quelquefois extrêmement violente. En 1837, au Chili[1], au fort San-Carlos, un mât enfoncé de 10 m en terre et assujetti par des tiges de fer, fut projeté en l'air; à Riobamba, en 1797, les cadavres de plusieurs habitants furent lancés de l'autre côté de la rivière sur une colline haute de plus de 100 m; en Calabre, en 1783, on vit des maisons sauter comme si elles avaient été projetées par l'explosion d'une mine.

Sur mer, les conditions du milieu atténuent le phénomène sans le modifier essentiellement car on a observé des jets d'eau s'élançant verticalement, une sorte d'ébullition de l'eau et aussi de fortes vagues.

Le nombre des secousses est variable et il en est de même des intervalles de temps qui les séparent lorsqu'elles sont multiples, cas le plus ordinaire. A Yokohama, du 1er au 6 mai 1870, on ressentit 123 secousses; à Hawaii, en mars 1868, le nombre des secousses fortes, à lui seul, dépassait 2 000. Elles durent quelques secondes, quelques minutes comme le tremblement de terre de Lisbonne en 1755 qui fit périr 30 000 personnes en cinq minutes, ou quelques années comme le tremblement de terre de Calabre qui se prolongea sans interruption de février 1783 à la fin de 1786. L'aire d'activité est parfois immense; celle du tremblement de terre de Lisbonne avait 38,5 millions de kilomètres carrés et les effets de l'éruption du Krakatau se sont fait sentir sur le globe tout entier.

Les ondulations se propagent au sein de la croûte terrestre avec une vitesse qui dépend de la constitution géologique du sol, moins rapidement à travers les roches meubles comme le sable, plus rapidement à travers les roches compactes. On l'a mesurée synthétiquement tandis que la comparaison des heures où le même phénomène a eu lieu dans les différents endroits ébranlés a permis de la calculer directement. On a ainsi trouvé les valeurs suivantes :

<hr>

[1] Lapparent. *Traité de Géologie*, p. 496.

	Vitesse par seconde. (Mètres.)
Lisbonne (1755)	540
Allemagne du Nord (1843) vers l'ouest	590
— — vers l'est	885
Provinces rhénanes (1846)	470
Allemagne centrale (1872)	742
Pointe-à-Pitre (1843)	185
Pérou (1868)	131,50

L'onde ne se propage donc pas circulairement autour de l'épicentre.

L'ondulation à travers l'air s'observe sur les courbes des baromètres enregistreurs et elle produit des sons ou bruits très variables que l'on a comparés au bruit d'une voiture roulant sur des pavés, au grondement du tonnerre lointain et à d'autres encore. Celle du Krakatau a cheminé de l'est à l'ouest avec une vitesse de 700 milles à l'heure et elle a fait $3\frac{1}{4}$ fois le tour de la terre avant de cesser d'être perceptible. Le bruit en a été entendu sur toute la surface d'une gigantesque ellipse ayant son centre au volcan et limitée par Ceylan, le sud de l'Australie, l'ouest de la Nouvelle-Guinée et le nord des Philippines. Les instruments magnétiques accusent également l'impulsion éprouvée; les tracés de la déclinaison, de l'intensité horizontale et de l'intensité verticale, à Batavia, pendant cette même éruption, sont tout à fait caractéristiques [1].

Ondulations à travers la mer. — Ras de marée. — Les frères Weber ont étudié synthétiquement le mode de propagation des ondulations séismiques à travers l'eau [2]. Ils plongeaient dans l'auge l'extrémité d'un tube et aspiraient brusquement une colonne d'eau qu'ils ne laissaient point retomber; il se manifestait alors une onde progressive se propageant un creux en avant, de telle sorte que les molécules d'eau commençaient leur oscillation par un abaissement. Si, après avoir aspiré une colonne d'eau et avoir attendu que toute agitation eût disparu dans l'auge, ils la laissaient retomber brusquement, ils donnaient encore naissance à une onde progressive qui,

---

[1] R. D. M. Verbeck. *Krakatau*, publié par ordre de S. E. le Gouverneur général des Indes néerlandaises, Batavia, 1886, atlas, fig. 8.
[2] Weber. *Wellenlehre*, § 82.

inversement à la précédente, progressait une crête en avant, de sorte que les molécules commençaient leur mouvement par une élévation. Or l'observation directe prouve que l'ondulation séismique est progressive et chemine un creux en avant ; elle résulte donc d'une élévation brusque du fond comme en produisent les éruptions volcaniques et cette origine est confirmée par d'autres phénomènes connexes parmi lesquels on peut citer les émanations gazeuses dont il sera parlé plus loin. Une pierre tombant sur une nappe d'eau donne au contraire lieu à une onde du second genre se propageant une crête en avant.

Les frères Weber ont encore conclu de leurs expériences qu'une seule et unique secousse occasionnait au sein d'un liquide non pas une unique ondulation ou vague, mais une série de vagues, conséquence des mouvements alternatifs d'abaissement et d'élévation du point directement ébranlé. Chaque vague, en progressant de sa longueur, donnerait naissance, en arrière, à une vague presque aussi longue qu'elle même, puis s'aplanirait, cesserait d'être sensible et son œuvre se bornerait à renforcer celle qui la suit. La plus forte vague reçue sur une côte serait donc celle qui a quitté la dernière le centre d'ébranlement et cette remarque devrait être prise en considération dans l'évaluation de la durée et par conséquent de la vitesse de propagation d'une ondulation séismique à travers un océan ainsi que dans le calcul relatif à la profondeur de cet océan.

L'arrivée sur une côte d'une onde séismique plus ou moins réfléchie par la disposition des rivages environnants, produit un ras de marée, l'un des phénomènes les plus effrayants qu'il soit donné à l'homme de contempler. Conformément à la première loi des frères Weber, la mer s'éloigne d'abord et laisse à sec de vastes espaces de son lit. Après un intervalle de temps, quelquefois de 5 minutes seulement mais qui fut de 30 à 45 minutes à Iquique en 1877 ; de 3 heures à Pisco, au Pérou, en 1690 et de 24 heures à Santa, au Pérou, en 1678, elle revient sous la forme d'une ou plusieurs vagues énormes. A Lisbonne il y en eut quatre successives, hautes de 5 m selon certains témoins, de 12 m selon d'autres et qui, parvenues ensuite à Cadix, avaient 20 m de hauteur, à Madère 5 m et 6 à 7 aux Antilles. Au Callao, en 1586, la vague avait 27 m.

Cette masse liquide renverse tout sur son passage ; rien n'est capable de lui résister ; des navires ont été soulevés, transportés et abandonnés à une grande distance dans les terres, et, lorsque le cataclysme est terminé, la contrée est jonchée de ruines, des centaines ou des milliers d'habitants ont péri, les fonds marins sont bouleversés, souvent aussi le niveau de la mer est changé d'une façon permanente. Après le tremblement de terre du 19 novembre 1822, la côte du Chili resta surélevée de 1 m à 1,20 m. D'autres fois, au contraire, le sol s'enfonce et dans les deux cas il en résulte de profondes modifications dans le relief du pays, le cours des rivières n'est plus le même, des lacs se créent ou se vident et il se fait de désastreuses inondations.

Sur mer, il est moins facile que sur terre d'apprécier avec certitude la corrélation des diverses phases du phénomène, la durée du mouvement séismique, son expansion, sa vitesse de propagation. Tandis qu'après un tremblement de terre en pays civilisé on possède des positions fixes pour les localités ébranlées et une multitude de témoignages se contrôlant les uns les autres, à la mer, les bâtiments sont dispersés sur de vastes espaces ; si le temps est par trop mauvais le phénomène risque de passer inaperçu ou d'être insuffisamment observé ; la position n'est pas rigoureusement exacte, la détermination précise de l'heure est particulièrement impossible, il ne reste aucune trace des événements accomplis et néanmoins l'étude patiente et le dépouillement des journaux de bord ont permis de résumer les faits en un certain nombre de lois[1].

L'intensité des tremblements de mer est soumise à des variations considérables.

Les effets mécaniques sont très divers : l'impression générale ressentie est que le bâtiment a touché un écueil, les objets qui ne sont pas solidement saisis sont animés d'une sorte de frémissement et tombent ; on perçoit la sensation d'un mouvement ondulatoire et de secousses qui, selon la direction dont le navire est pris, le soulèvent, le font pencher sur le flanc ou même l'arrêtent dans sa marche. Dans certains cas, l'eau jaillit en jets verticaux s'élevant à une faible hauteur et très caractéristiques, probablement dans le voisinage de l'épicentre ; quelquefois le phénomène coïncide avec une

---

[1] On consultera avec avantage, sur ce sujet, un très consciencieux travail de M. E. Rudolph, *Ueber submarine Erdbeben und Eruptionen*, Beiträge zur Geophysik. Abhandungen aus dem geogr. Seminar der Universität Strassburg, vol. I, p. 133, 1887.

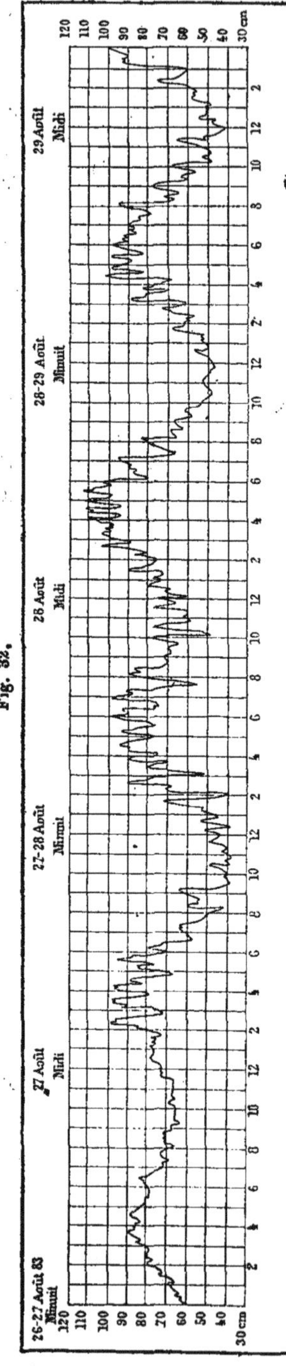

agitation extraordinaire des vagues, d'autres fois il ne se fait qu'une énorme ondulation courant à travers l'Océan et laissant derrière elle le calme qu'elle a trouvé devant elle ; d'autres fois encore la mer reste unie.

Les ondulations séismiques à travers la mer ou, comme on les appelle aussi, les tremblements de mer, sont des ondulations progressives dont elles suivent les lois.

La vitesse de propagation est constante lorsque la profondeur de l'eau est elle-même constante et considérable. On peut donc appliquer la formule approchée $V^2 = gp$ (XVII), ce qui permet de calculer la profondeur d'une mer parcourue par une onde séismique lorsqu'on connaît le lieu d'origine et l'instant du départ de l'onde, c'est-à-dire de l'éruption volcanique qui lui a donné naissance et l'instant de l'arrivée dans une localité éloignée de la première d'une distance déterminée. Les marégraphes fournissent ces données avec une courbe du genre de la figure 32 qui représente les ondes du Krakatau enregistrées par les instruments de l'expédition allemande à l'île de la Géorgie du Sud, où elles arrivèrent en 14 heures.

La vitesse de ces vagues est considérable, ainsi qu'il résulte des valeurs inscrites sur les deux tableaux suivants dont le premier indique les éléments de la vague de tremblement de terre d'Arica (août 1868), recueillis par M. de Hochstetter et le second les éléments de la vague du tremblement de terre d'Iquique (9 mai 1877) recueillis par le Dr E. Geinitz.

ARICA (août 1868).

ROUTE SUIVIE par la première vague.	DISTANCE à Arica, en milles.	MOMENT DE L'ARRIVÉE de la première vague.	DURÉE du trajet accompli par la vague.	VITESSE de la vague en milles, à l'heure.
			h m	
Valdivia.....................	1420	13 août 10 h. soir......	5 0	284
Iles Chatham.................	5520	15 — 1 h. 30 m. mat.	15 19	360
Nouvelle-Zélande (Lyttleton)....	6120	15 — 4 h. 45 m. mat.	19 18	316
Arica-Rapa...................	4057	13 — 11 h. 30 m. soir.	11 11	362
Newcastle (Australie)	7380	15 — 6 h. 30 m. mat.	22 28	319
Apia (île Samoa)..............	5760	15 — 2 h. 20 m. mat.	16 2	358
Hilo (îles Sandwich)..........	5400	14 — 2 h. mat	14 25	329
Honolulu (îles Sandwich)........	5580	13 — minuit........	12 37	442
Jusqu'aux Sandwich (moyenne)...	»	14 — 1 h. mat......	13 31	417

IQUIQUE (9 mai 1877).

ROUTE SUIVIE par la première vague.	DISTANCE à Iquique, en milles.	MOMENT DE L'ARRIVÉE de la première vague.	DURÉE du trajet accompli par la vague.	VITESSE de la vague en milles, à l'heure.
			h m	
Callao	630	10 mai 0 h. 28 m. mat.	4 0	150
Copiapo......................	430	9 — 11 h. 3 m. soir.	2 30	172
Concepciou...................	1007,5	10 — 12 h. 11 m. mat.	3 45	272
Iquique-Hilo...................	5526	10 — 10 h. 24 m. mat.	14 0	396
Honolulu.....................	5710	10 — 11 h. 11 m. mat.	14 45	387
Apia	5739	10 — 11 h. 16 m. mat.	14 50	388
Wellington	5660	10 — 2 h. 40 m. soir.	18 15	310
Littleton.....................	5631	10 — 2 h. 48 m. soir.	18 23	306,6
Kamaishi (Japon)..............	8835	10 — 6 h. 30 m. soir.	22 0	402
Hakodate (Japon)..............	8760	10 — 9 h. 25 m. soir.	23 0	381

L'ondulation du tremblement de terre de Simoda (Japon), le 23 décembre 1854, a mis 12 heures 5 minutes à parvenir à San-Franscisco et à San-Diego, en Californie, ce qui représente une vitesse de 660 kilomètres à l'heure; elle avait une hauteur de 50 cm, une longueur de 390 kilom, ou 210 milles, et se présentait sous forme de deux vagues se suivant à un intervalle de 35 minutes.

Cette vitesse est la même que celle de la marée qui, le 15 août 1868, a mis 16 heures à passer d'Arica aux îles Samoa, tandis que l'onde séismique a mis 16 heures 2 minutes et 13 heures entre Arica et Honolulu au lieu de 12 heures 37 minutes.

La connaissance de la vitesse a donc permis d'évaluer la profon=

deur moyenne de la mer entre Simoda et San-Francisco à 4 000 m ; celle entre le Pérou et la Nouvelle-Zélande à 2 690 m, selon Hochstetter et 2 545 m suivant Geinitz. Les différences proviennent d'abord du choix du moment exact de la secousse originelle et ensuite de ce que la formule suppose une mer de profondeur uniforme, non coupée d'îles, ce qui n'existe pas en réalité.

L'onde du Krakatau (26 août 1883) s'est inscrite au marégraphe de Panama, le 27 août, en une vague haute de 30 à 40 cm; à l'île Géorgie, le 27 août vers 2 heures, et à Rochefort, le 28 août par une vague de 30 cm de hauteur. L'amplitude de l'ondulation, c'est-à-dire la hauteur de la vague, diminue à mesure qu'augmente l'espace à travers lequel elle se propage.

La longueur de l'ondulation ou de la vague demeure constante et est fonction du temps nécessaire pour la produire. Elle est souvent considérable : celle de Simoda (décembre 1854) avait, comme nous l'avons vu, 210 milles de crête en crête, celle d'Arica 100 à 140, celle d'Iquique 130 milles. Elles ne se propagent qu'approximativement en ondes concentriques à cause de la variation de vitesse due aux variations de la profondeur.

Les ondulations séismiques proviennent des secousses de volcans subaériens ou sous-marins. La preuve en est fournie par leur mode de propagation conforme aux expériences des frères Weber, par les phénomènes de caractère volcanique qui les accompagnent, tels que dégagements de gaz, élévation de température de l'eau et très fréquemment changement de couleur de cette eau; enfin, par les phénomènes de bruit. On remarque, en outre, des perturbations magnétiques aussi bien dans des tremblements de mer calmes que lorsque les flots sont violemment agités.

Les tremblements de mer et les éruptions sous-marines ont lieu à toutes les profondeurs, aussi bien le long des crêtes que dans les vallées et les dépressions du bassin océanique.

La distribution géographique des localités où ces commotions ont été éprouvées montre qu'il existe des régions de secousses habituelles comme par exemple les Açores, Saint-Paul, Lisbonne, les Antilles dans l'Atlantique, les parages de Zante et de Malte dans la Méditerranée et des espaces complètement indemnes. A l'exception de ces derniers, les ondulations séismiques se font sentir sur l'océan tout entier.

Quand un marin éprouvera en mer une secousse, il devra noter le moment exact, la position du navire et la direction suivie par lui, la direction et les divers éléments de la vague, les phénomènes secondaires de bruit, de température, de couleur et d'agitation de l'eau, et, s'il est possible, il donnera un coup de sonde pour connaître la profondeur. Un observateur à terre, dont les observations seront particulièrement intéressantes si elles sont faites dans une île, notera la localité, le moment exact de la première secousse de la croûte terrestre et celui de l'arrivée de la première vague, la direction de la secousse, le mode du mouvement, s'il a commencé par une montée ou un recul de la mer, les vagues secondaires, leur nombre, l'intervalle de temps compris entre elles, enfin leur hauteur au-dessus du niveau moyen de la mer.

CHAPITRE III.

ONDULATION FIXE. — SEICHES.

Ondulation fixe. — Les frères Weber ont donné le nom d'ondulation fixe (*oscillatio fixa*) à une ondulation régulière, sans progression dans le sens horizontal, pour laquelle les molécules liquides accomplissent une trajectoire fermée, toujours de même dimension et comparable à la vibration, sous le frottement d'un archet, d'une corde tendue par ses deux extrémités ou encore aux ondulations de l'air dans un tuyau sonore.

L'ondulation fixe donne lieu à une série de nœuds, points où le liquide est sans mouvement, et de ventres, points où le mouvement possède, au contraire, son maximum d'intensité. Elle peut être considérée comme la transformation, dans un vase limité et de capacité relativement faible, d'une ondulation progressive du liquide dont la longueur permanente, par suite d'une réflexion et, par conséquent, d'interférences de même phase aux mêmes points, est partie aliquote de la distance à la rive.

Les composantes horizontales du mouvement des molécules, à peu près égales et de directions diamétralement opposées, s'annuleraient mutuellement, tandis que les composantes verticales seules subsisteraient et suivraient les lois des interférences.

On produit l'ondulation fixe dans une auge en suscitant à intervalles réguliers une ondulation progressive qui, après avoir parcouru une première fois l'auge, devient fixe ; on voit alors le liquide prendre une forme analogue à celle indiquée sur la fig. 33. On arri-

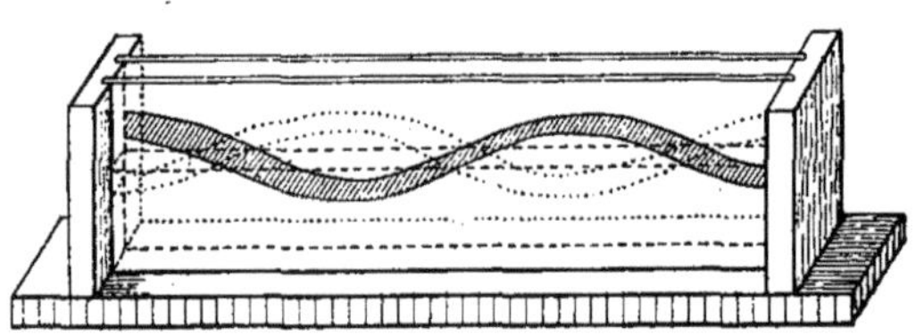

Fig. 33.

vera encore au même résultat si l'on secoue la cuve en la choquant à intervalles de temps réguliers contre un coussin élastique placé sous l'un de ses pieds.

Les ondulations fixes sont évidemment susceptibles de posséder, dans une même auge, toutes sortes de valeurs, puisque l'unique condition de leur existence est d'avoir une longueur partie aliquote de la longueur de cet auge. Or on peut partager cette dernière en un nombre

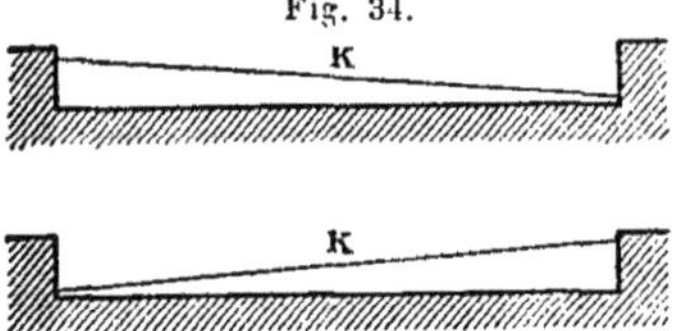

Fig. 34.

quelconque de parties égales. Sur la fig. 33, la longueur de l'oscillation est égale aux 2/3 de la longueur de l'auge et l'oscillation elle-même est trinodale.

La plus simple des ondulations fixes et celle de plus longue période est l'uninodale (fig. 34) ; elle est telle que, dans l'étendue du vase, le liquide oscillant n'offre qu'un seul nœud, au point K qui reste toujours immobile.

Divers savants, parmi lesquels Mérian[1], Kirchhoff et Lechat ont employé les mathématiques pour établir des formules fournissant la période de l'ondulation fixe en fonction de la profondeur du liquide et des dimensions supposées régulières et géométriques du vase.

Pour le cas d'une ondulation uninodale dans un vase de section rectangulaire, Mérian trouve la formule suivante dans laquelle T

---

[1] Merian. *Ueber die Bewegung tropfbarer Flüssigkeiten in Gefässen*, Basel, 1828, p. 31. — G. Kirchhoff, *Widemanns Annalen der Physik*, 1880, X, 41. — Lechat, *Annales de chimie et de Physique*, 5ᵉ série, t. XIX, 1880, p. 289, ff. *in* Krümmel, *Handbuch der Ozeanographie*, II, 139.

représente la période, l la longueur du vase et p la profondeur du liquide.

$$T^2 = \frac{\pi l}{g} \cdot \frac{e^{\frac{\pi p}{l}} + e^{-\frac{\pi p}{l}}}{e^{\frac{\pi p}{l}} - e^{-\frac{\pi p}{l}}}.$$

.Si l est très grand par rapport à p, la fraction $\frac{p}{l}$ devient très petite et l'on obtient la formule simplifiée

$$T = \frac{l}{\sqrt{gp}},$$

qui sert à calculer la profondeur moyenne inconnue d'un lac, connaissant sa longueur et le rythme des seiches qui le parcourent.

Dans l'ondulation fixe, les molécules liquides, à la surface, ont partout un mouvement de bas en haut dans le plein de l'ondulation et un mouvement rectiligne de haut en bas dans tout le creux. Dans l'intérieur du liquide, les frères Weber admettent que les molécules suivent leur trajectoire en sens opposé, à chaque oscillation, tandis que d'autres auteurs, dans des conditions particulières de forme du vase, supposent des trajectoires différentes.

Les phénomènes d'ondulation fixe s'observent dans la mer où ils ont cependant été peu étudiés jusqu'à présent; ils ont été, au contraire, très étudiés dans les lacs où leurs effets sont d'ailleurs beaucoup plus marqués et où ils portent les noms de Seiches (Léman) et de Ruhss (lac de Constance).

Seiches; historique. — Les Seiches [1] ont été signalées pour la première fois sur le Léman par Fatio de Duillier en 1730; il les attribuait à l'arrêt des eaux du Rhône sur le banc de Travers, près de Genève, par des coups de vent du midi. Jallabert, en 1742, les supposait dues, à Genève, à des crues subites de l'Arve; à Villeneuve et au Bouveret, seules localités du grand Lac où, selon lui, se manifestaient ces seiches, à un afflux brusque des eaux provenant de la fusion des glaciers. Bertrand expliqua les seiches par l'attraction

---

[1] F.-A. Forel. *Première étude sur les seiches du lac Léman*, Bulletin de la Société vaud. des sciences naturelles, t. XII, n° 70, 1873, et *Deuxième étude*, id., t. XIII, n° 74, 1875.

de nuées électriques sur les eaux du lac. H.-B. de Saussure, en 1779, pensait qu'en outre de l'attraction électrique, les variations de pesanteur éprouvées par l'air, donnaient naissance au phénomène. De 1802 à 1804, Vaucher publia un travail complet sur les seiches. Après avoir noté et comparé leurs durées, il conclut à la généralité du phénomène dans tous les lacs et à toutes les époques de l'année; il vit que l'état de l'atmosphère exerçait une influence capitale, reconnut sur le lac de Genève les points où les seiches se faisaient sentir avec le plus d'énergie et mesura leur maximum de hauteur. Comme H.-B. de Saussure, il les attribua aux variations de la pression atmosphérique. Depuis cette époque, les seiches ont été étudiées par un grand nombre d'observateurs et de savants. En 1873, M. F.-A. Forel commença à les observer méthodiquement à Morges et, grâce à ses travaux, la question est aujourd'hui entièrement résolue.

Les seiches sont des ondulations fixes qui se manifestent par des changements de niveau s'accomplissant à intervalles réguliers. Pour étudier les seiches, on se sert, par conséquent, d'instruments nommés limnimètres permettant de mesurer des variations de niveau.

Limnimètres; plémyramètre de Forel. — Les limnimètres [1] sont de quatre espèces : échelles divisées, plémyramètres, limnimètres indicateurs à flotteur et limnimètres enregistreurs.

Les échelles employées en Suisse sont des règles en fonte de fer divisées en décimètres et demi-décimètres par des lignes saillantes de 5 ^{mm} de largeur, scellées verticalement dans un mur, au bord du lac, dans un endroit suffisamment abordable pour que la lecture soit aisée. Le sommet des règles est rapporté par un nivellement aux repères du nivellement fédéral les plus rapprochés. On fait quotidiennement une ou plusieurs lectures et les cotes sont inscrites dans des carnets spéciaux. Cet instrument ne donne évidemment qu'une approximation très grossière et sert plutôt à constater l'existence des seiches qu'à les mesurer.

Le plémyramètre a été imaginé par M. F.-A. Forel pour reconnaître et apprécier les variations de niveau très faibles; sa construc-

---

[1] F.-A. Forel. *Contributions à l'étude de la limnimétrie du lac Léman*, Bulletin de la Société vaud. des sciences naturelles, séries I et II, 1877; série III, 1879; série IV, 1880; série V, 1881.

tion est des plus simples et sa sensibilité, variable à volonté, peut être aussi grande qu'on le désire.

L'instrument se compose d'un tube en verre *ab*, de 7 mm de diamètre et de 30 cm de longueur, raccordé à deux tubes de caoutchouc de même diamètre (*fig.* 35). On place le premier *b c* en communica-

Fig. 35.

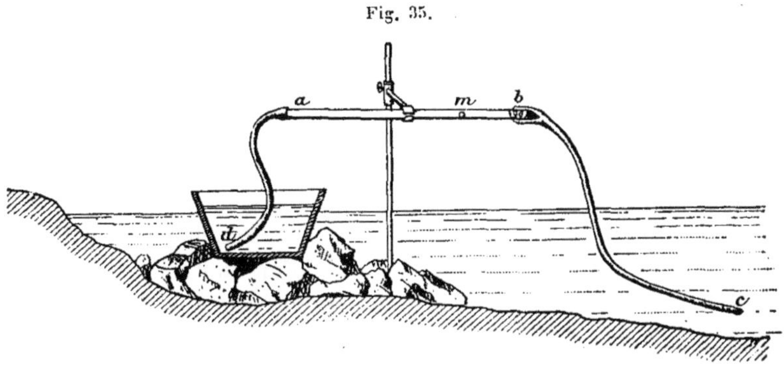

tion avec le lac ; le second *a d*, plus court, avec un bassin en partie rempli d'eau. Celui employé par M. Forel avait pour longueur 37 cm, pour largeur 25 cm, et pour profondeur 12 cm. Le siphon ainsi formé possède une longueur totale de 3 m. On introduit dans le tube de verre, maintenu horizontal par un ou deux piquets, une sphère en cire *m* de 6,5 mm de diamètre, alourdie par un peu de plomb ou par quelques grains de quartz, afin de lui donner la même densité que l'eau et faisant l'office d'index ; on l'empêche de sortir du tube à l'aide de deux petites spirales en fil de laiton, placées en *a* et en *b* aux deux extrémités de celui-ci. Le bassin est installé dans un trou creusé dans la grève ou dans l'eau même du lac et calé par des pierres, de sorte que son fond soit à 20 ou 30 cm au-dessous du niveau moyen du lac ; on amorce le siphon, l'égalité de niveau s'établit et l'appareil est prêt à fonctionner. En effet, dès que le niveau du lac s'élève, il se produit vers le réservoir un courant qui entraîne l'index et le colle contre la spirale *a*, la plus voisine de ce réservoir ; le phénomène inverse s'accomplit lorsque, par un abaissement du niveau, l'eau coule au contraire du récipient vers le lac. Avec une montre à secondes, on note les instants où la sphère arrive se coller contre l'une ou l'autre spirale, et on les inscrit sur deux lignes horizontales parallèles correspondant à chacune des spirales et tracées sur un papier quadrillé à intervalles égaux. Les oscillations sont ainsi représentées (*fig.* 36) par des séries de créneaux dont les portions horizontales *bc, de, fg*.... indiquent la durée des montées ou des descentes du niveau du lac et dont les

Fig. 36.

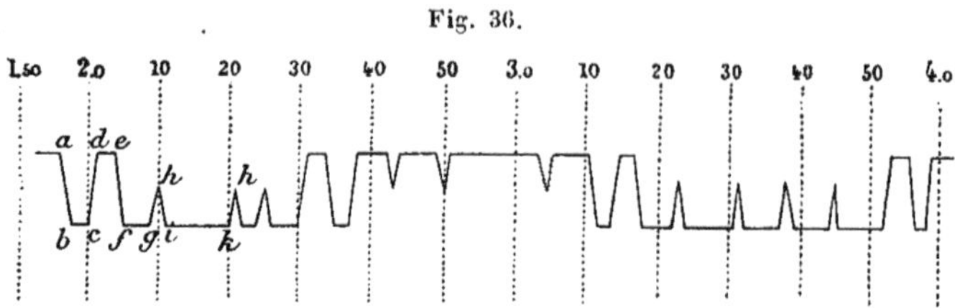

pans *ab, cd, ef*..... ont une obliquité correspondant au temps que l'index aura mis à accomplir son voyage d'un bout à l'autre du tube. Les petits crochets *h, h*... indiquent que le flotteur, tout en quittant l'arrêt, n'a pas été poussé assez longtemps pour atteindre l'arrêt opposé et qu'il est revenu à sa position primitive.

La figure 36 montre une série de seiches observées à Evian, le 16 janvier 1875, par M. Forel, qui a adopté dans ses graphiques l'échelle de 1 mm pour une minute. Il y a avantage à ce que plusieurs observateurs opèrent en même temps en divers points du lac et surtout en des points diamétralement opposés.

Le plémyramètre donne d'autant plus exactement le niveau des seiches hautes et basses que son bassin représente mieux le niveau moyen, c'est-à-dire que le flotteur ferme mieux l'orifice du tube, que le siphon possède un calibre plus faible relativement à la surface du bassin, enfin que le siphon est plus long. On peut encore sensibiliser l'appareil et lui faire indiquer des seiches de très courte durée comme celles qui ont lieu dans les lacs de faibles dimensions, en rapprochant les spirales et en les plaçant, par exemple, à 7 cm l'une de l'autre, ainsi que l'a fait M. Forel pour l'étude du lac de Bret. La sphère accomplit alors très vivement ses oscillations.

La sensibilité de l'appareil dépend en effet de la vitesse des courants qui le traversent, vitesse d'ailleurs modifiable à volonté, car elle est fonction de la surface du bassin et du calibre du siphon. Dans celui dont les dimensions ont été indiquées plus haut, un mouvement en longueur de 1 cm de l'index correspond à une dénivellation de 0,004 mm, sans toutefois faire entrer en ligne de compte les frottements de l'eau contre les parois et l'inertie. En effet, la surface de la section du tube étant de 38,5 mmq, un déplacement de 1 cm de l'index indique le passage, dans un sens ou dans un autre, de 385 mmcb d'eau qui, distribuée sur la surface du bassin, représente une hauteur d'eau de 0,004 mm.

On arrive à éteindre le mouvement des vagues en allongeant le siphon ; avec 3 m de longueur, tant que la vague a une largeur inférieure à 1 m, ce qui correspond à une période inférieure à 1,4 secondes, le déplacement de la sphère ne dépasse pas 2 à 3 cm à chaque vague. Non seulement la marche du flotteur présente alors un caractère très reconnaissable, mais, pour plus de sûreté, on né note que les moments où il se colle contre l'une ou l'autre spirale, sans tenir compte des saccades par lesquelles il progresse de l'une à l'autre.

Les limnimètres à flotteur sont construits sur un principe différent, celui des marégraphes. Un puits creusé dans un quai est mis en communication avec le lac par un tuyau suffisamment étroit ; un flotteur constitué par une sphère, un cylindre, une lentille en métal ou un simple bassin en zinc ouvert par le haut et pour lequel on n'a pas à tenir compte de la dilatation, repose sur l'eau du puits dont il suit les mouvements et fait monter ou descendre une tige verticale à laquelle il est relié ; celle-ci, à son tour, fait monter ou descendre le long d'une graduation fixe un index dont la position moyenne est choisie de façon à permettre aisément l'observation. On note la position de l'index à intervalles de temps déterminés. De semblables instruments, renfermés dans un petit monument, se trouvent en Suisse dans toutes les villes situées au bord des lacs.

Pour ramener les cotes au niveau normal (Z. L $= o = -3$ m, R. P. N. Repère de la Pierre du Niton, pour le lac de Genève)[1], on rattache par un nivellement le niveau du lac au repère le plus voisin. En Suisse, on trouve des repères fédéraux ; en France, il en existe dans la plupart des gares de chemins de fer. On observe, au même moment, l'index du limnimètre. Afin d'obtenir plus d'exactitude, l'opération doit être renouvelée plusieurs fois.

---

[1] La nappe du Léman, dans ses eaux moyennes, est à 372,40 m au-dessus du niveau moyen de la Méditerranée, mesuré par Bourdalouë dans le port de Marseille. La **carte** fédérale suisse qui s'est basée sur les anciens nivellements du génie français lui **donne** une altitude moyenne de 375,03 m, l'atlas Siegfried, 375,3 m.

Les appareils les plus convenables et les plus précis sont les limnimètres enregistreurs, à indications continues. Leur principe est le même que celui des précédents, seulement on rattache à la tige verticale un crayon en face duquel se déroule une bande de papier sans fin. L'installation de l'appareil exige quelques précautions; celui que M. Forel a fait placer à Morges[1], et qui a fonctionné sans interruption de 1876 à 1884, servira de type. Le puits mesure 2 mq de surface et le tuyau de grès, en communication avec le lac, a 6 m de diamètre et 8,40 m de longueur, ce qui est suffisant pour amortir presque entièrement le mouvement des vagues provenant du vent ou du passage des bateaux à vapeur. Son flotteur, en forme de bassin ouvert par le haut, a 80 cm de diamètre et est entouré d'une ceinture en toile de coton destinée à annuler l'effet du ménisque capillaire de l'eau contre le métal; la tige en fer-blanc creuse mesure 3 m de long avec un diamètre de 3 cm ; elle actionne deux parallélogrammes articulés par lesquels le mouvement vertical de la tige est transformé en mouvement horizontal et fait mouvoir, à angle droit, une tringle horizontale portant le crayon enregistreur. La bande de papier passe d'une façon continue entre le crayon et un cylindre qui fait coussinet, puis vient s'entasser sur une tablette. Le cylindre est mû par un mouvement d'horlogerie et le papier se déroule avec une vitesse de 1 mm par minute ou 1,44 m par 24 heures. Les hauteurs de la courbe tracée sont en vraie grandeur, c'est-à-dire exactement égales aux variations mêmes du niveau du lac. On repère comme précédemment, en rattachant par un nivellement la hauteur du lac au nivellement fédéral et en notant au même moment la marque du crayon. On établit ainsi l'équation de l'instrument; les vibrations de l'eau qui suivent le passage d'un bateau à vapeur se laissent reconnaître pendant 5 ou 6 heures sur les courbes. Le limnimètre de Morges enregistrait, au bout de quelques minutes, l'arrivée de l'onde provoquée à Ouchy, à 8 kilom, et même à Évian, à 14 kilom, par le départ du bateau à vapeur. Des mesures précises de ce phénomène seraient faciles à instituer et fourniraient une donnée importante, la vitesse de propagation des ondes à la surface de l'eau.

M. Ed. Sarasin[2] a fait construire, en 1879, un appareil analogue,

---

[1] Cet appareil a été supprimé par suite de la construction d'un quai.

[2] **Ed. Sarasin.** *Limnimètre enregistreur transportable, observations à la tour de*

mais transportable, et pouvant s'installer successivement dans différentes stations. L'auteur en donne la description suivante :

Pour cet appareil, le puits des limnimètres fixes, creusé dans le sol d'une terrasse, est remplacé par un large tube en zinc, ayant 35 cm de diamètre et 1,50 m de longueur, disposé en avant du mur de la station et plongeant dans le lac de la moitié de sa hauteur environ. Il communique avec le lac à sa partie intérieure, par un tube étroit qui atteint une couche d'eau plus profonde et empêche que l'appareil ne soit trop influencé par les mouvements rapides des vagues proprement dites. Ce large tube qui contient un flotteur est fixé par des colliers en fer à un pieu enfoncé au pied du mur et maintenu par des crochets en fer et par des bras solidement assujettis au parapet de la terrasse. Cette potence porte, à sa partie supérieure, une boîte haute, en tôle, contenant une poulie à gorge ; sur cette poulie passe un ruban de cuivre fixé à une de ses extrémités à la tige du flotteur et portant à l'autre extrémité un contrepoids. A l'axe de la poulie est fixée, par un joint universel, une tige de laiton qui pénètre dans une caisse contenant l'appareil enregistreur.

Celui-ci consiste essentiellement en une tringle horizontale ou chariot mobile sur deux poulies et portant dans une douille un crayon qui repose par sa pointe sur un rouleau de papier indéfini de 25 cm de largeur, mû par une horloge à raison de 1 mm par minute. L'axe d'une des deux poulies qui porte la tringle forme le prolongement de la tige de laiton. Cette poulie et l'extrémité de la tringle qui repose sur elle sont dentées ; les diamètres des trois poulies de l'appareil étant identiques, le chariot porte-crayon se meut horizontalement de la même quantité exactement que la tige du flotteur dans le sens vertical, et le crayon dessine les mouvements du lac en grandeur naturelle. Un second crayon trace une ligne horizontale correspondant à un niveau fixe, sur laquelle viennent se marquer les heures à l'aide d'un déclic. La tige du flotteur traverse la boîte en tôle par deux trous qui servent à la guider ; un double arrêt qui est fixé à cette tige empêche que les mouvements de celle-ci ne dépassent les limites du papier.

Peilz, près Vevey, Archives des Sciences physiques et naturelles, 2ᵉ période, t. II, n° 12, 1879.

Il est probable que, de même que pour l'étude des marées, l'emploi de baromètres enregistreurs immergés et indiquant les variations du niveau de la couche d'eau au-dessus d'eux par la pression qu'exerce celle-ci, rendrait de grands services. L'instrument, devenu très portatif, aurait l'avantage de permettre de multiplier les observations simultanées dans un même espace d'eau.

Lois des seiches. — Les lois des seiches sont, comme on pouvait s'y attendre, conformes à celles qui régissent les ondulations fixes. Les exemples sont surtout pris dans le Léman, bien que les phénomènes aient été mesurés dans la plupart des lacs suisses, et particulièrement dans ceux de Constance, de Neuchâtel, de Thoune, de Walenstadt, de Brienz, de Morat, de Joux et de Bret.

Normalement, le système des seiches est toujours le même dans la même station ; il est encore le même aux deux extrémités d'un même diamètre du lac.

Le mouvement de l'eau est synchrone et opposé dans les deux moitiés opposées du lac ; l'eau monte à Genève (*fig.* 37) pendant qu'elle descend à Villeneuve, et inversement.

L'amplitude du mouvement a son maximum aux deux extrémités du diamètre suivant lequel oscillent les seiches (ventres de mouvement) ; l'amplitude est nulle sur la ligne qui sépare les deux moitiés du lac (ligne nodale).

Il existe dans un lac deux systèmes principaux de seiches :

1º Les seiches longitudinales qui oscillent suivant le grand axe du lac ; dans le Léman, de Chillon à Genève ;

2º Les seiches transversales qui oscillent suivant la plus grande longueur du lac : dans le Léman, de la côte suisse à la côte de Savoie, de Morges à Évian.

Dans chacun de ces systèmes, on distingue trois types principaux de seiches, savoir :

1º Les seiches de premier ordre, ou seiches uninodales, avec un seul nœud et deux ventres d'oscillation (*fig.* 38). L'eau s'élève à une extrémité du lac pendant qu'elle s'abaisse à l'autre ; au milieu de la longueur du bassin est un point mort, nœud de vibration, où la hauteur de l'eau ne varie pas ;

2º Les seiches de deuxième ordre, ou seiches binodales (*fig.* 39), avec deux nœuds et trois ventres d'oscillation. L'eau s'élève simulta-

Fig. 37.

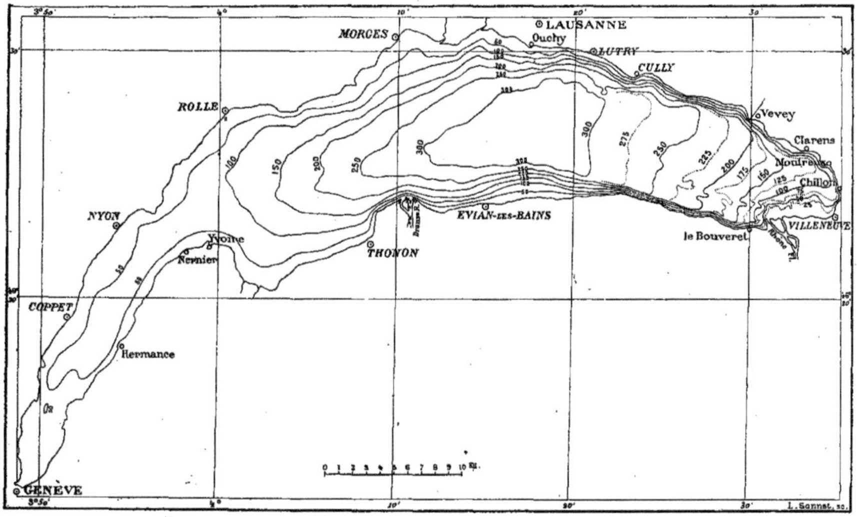
LAUSANNE
Ouchy
MORGES
LUTRY
CULLY
ROLLE
Vevey
Clarens
Chillon
VILLENEUVE
le Bouveret
EVIAN-LES-BAINS
THONON
NYON
Yvoire
Nernier
COPPET
Hermance
GENÈVE
L. Sonnet, sc.

nément aux deux extrémités du lac pendant qu'elle s'abaisse au
milieu et inversement; entre ces trois ventres, il y a deux nœuds de
vibration où le niveau de l'eau reste stationnaire;

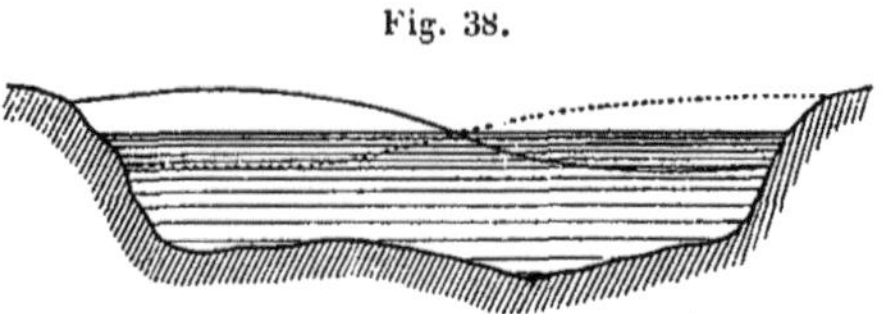

Fig. 38.

3º Les seiches mixtes (seiches dicrotes de M. Forel), dans lesquelles il y a superposition des seiches de premier et de deuxième
ordre, ce qui donne, suivant la station d'observation, des courbes

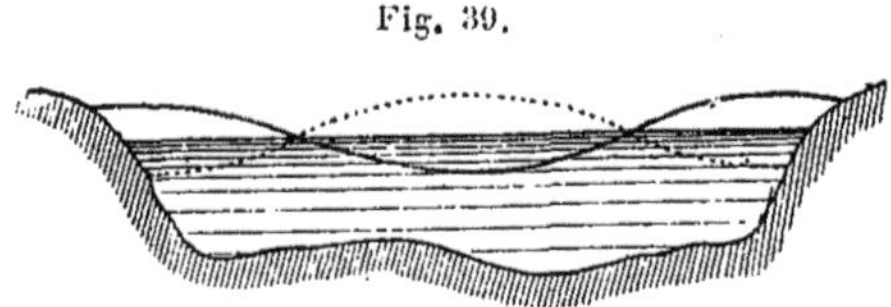

Fig. 39.

de dénivellation de types divers, assez compliquées aux extrémités
du lac, où les ventres des uninodales et des binodales interfèrent
ensemble.

En appelant durée de ces divers types de seiches l'espace de
temps compris entre deux *maxima* de hauteur de l'eau, ou deux
sommets de seiches, l'observation a donné, sur le lac Léman :

<pre>
Durée d'une seiche longitudinale uninodale.. 73 minutes.
     —   —   binodale...   35   —
     —   transversale uninodale...   10   —
</pre>

Cette durée est fortement influencée par la profondeur de l'eau ;
quand le lac ou l'étang sont très peu profonds, la durée de la seiche
est prolongée probablement par suite du frottement de l'eau sur le
fond.

En outre des seiches uninodales, binodales et mixtes, il se produit
encore sur les lacs des vagues d'ondulation fixe uninodales ou multinodales, dont les séries très nombreuses et très multipliées se
superposent d'une manière quelconque et qu'on nomme vibrations
irrégulières du lac. Enfin on a observé des vagues d'ondulation fixe

multinodales ou vibrations régulières du lac d'une durée de 0,5 à
4 minutes, et d'une hauteur de 0 à 10 mm. Tous ces phénomènes
ne sont en réalité que des interférences extrêmement complexes.

Dans certains cas particuliers, des vibrations ont été communi-
quées artificiellement au lac. On sait que le limnimètre enregistreur
de Morges donnait à M. Forel le dessin des vibrations précédant et
suivant le passage d'un bateau à vapeur.

Dans les seiches successives [1], l'amplitude de l'ondulation a son
maximum à la première onde, et elle va en décroissant graduelle-
ment dans chaque onde ultérieure, jusqu'à extinction totale. Ces
ondes successives à amplitude décroissante forment une série de
seiches. On a reconnu sur les enregistreurs du Léman des séries
de seiches qui, sans nouvelle impulsion, ont oscillé d'un rythme
régulier et isochrone, pendant quatre et même cinq jours de suite.

Les seiches sont très fréquentes; c'est à peine si on trouve dans
l'année quelques heures de suite, jamais une journée entière, où
le niveau du lac de Genève ne présente pas trace de ces phénomènes.

L'amplitude des seiches dépend : 1º de la station où l'on observe
et de sa position sur un lac plus ou moins grand, sur le diamètre
longitudinal ou transversal du lac, dans un golfe ou sur un cap. Les
conditions les plus favorables sont représentées à Genève, au fond
d'un golfe long, étroit et peu profond, sur le diamètre longitudinal
du lac. La plus forte seiche connue, 1,83 m, y a été observée le
3 octobre 1841; depuis 1876, on n'en a pas constaté à Genève dépassant 40 cm d'amplitude, et à Morges 20 cm; 2º de l'intensité de l'impulsion génératrice de la série des seiches; 3º du rang d'ordre de
l'onde dans la série des seiches.

Les seiches sont causées [2] par toutes les perturbations atmosphé-
riques, variations de pression, vents verticaux et obliques, orages,
cyclones, trombes et par les secousses de tremblements de terre.
Cependant ces dernières ne donnent que rarement naissance à des
seiches; la cause la plus puissante est l'orage local à mouvement
vertical descendant.

---

[1] F.-A. Forel. *Essai monographique sur les seiches du lac Léman*, Archives des
sciences physiques et naturelles de Genève, t. LIX, nº 233, 1877.

[2] F.-A. Forel. *Les causes des seiches*, Archives des sciences physiques et naturelles de
Genève, nouvelle période, t. LXIII, nº 249, 1878.

Günther [1] remarque avec raison que de même qu'un doigt posé mollement sur une corde de violon vibrant sous l'archet donne lieu à des battements, la présence d'un haut-fond dans un lac ou même dans une mer, doit produire des phénomènes de seiches analogues, et compliquer à l'extrême la courbe des variations du niveau de l'eau. La question serait des plus intéressantes à étudier. On possède l'instrument, un limnimètre ou un marégraphe enregistreurs d'un système quelconque, pourvu que la sensibilité en soit suffisante. Or, comme les lois des seiches sont celles des vibrations sonores, c'est-à-dire celles de l'acoustique, en les vérifiant sur les eaux, et très probablement en en découvrant de nouvelles, on reviendrait aux anciennes pensées de Pythagore et l'on noterait, avec toute la vigueur de la science actuelle, l'harmonie des océans.

Seiches marines, phénomène de l'Euripe. — Des phénomènes de vibration fixe ont été reconnus dans la mer Méditerranée, à Malte, par Airy [2], sous forme d'oscillations de trop courte période pour être attribuables à des marées, car elles n'ont en moyenne que 21 minutes (de 17,9 à 28,1 minutes), et elles se prolongent pendant plusieurs heures et même pendant des journées entières avec une hauteur d'ondulation de 30,5 cm.

Aimé [3] en a aussi observé dans le port d'Alger dont la durée d'oscillation varie entre 1 et 3 minutes, le changement de niveau de l'eau atteignant 0,5 à 1 m. Il avait cru remarquer que le phénomène apparaissait après des périodes de vent du nord, mais il semble plus probable qu'il ne s'agit que d'une simple seiche dans le bassin même du port. Et pourtant, Alger, situé sur le diamètre transversal de la Méditerranée occidentale avec Marseille ou Toulon, et d'autre part, Gibraltar et Malte aux extrémités du diamètre longitudinal, paraissent être les meilleurs endroits pour l'observation des seiches dans ces parages.

Airy a observé des oscillations d'une durée de 20 minutes à Swansea; David Milne, d'Édimbourg, en 1843, le long des côtes d'Angleterre et d'Écosse; M. Forel a noté des traces de seiches au marégraphe du môle Saint-Louis, à Cette; Lentz, au Helder, en

---

[1] S. Günther. *Lehrbuch der Geophysik und physikalischen Geographie*, t. II, p. 375.
[2] Airy. Phil. Transact. 1878, vol. 169, p. 136.
[3] Aimé. Annales de chimie et de physique, 1843, V, p. 423.

Hollande, où la courbe du marégraphe a indiqué des oscillations de plusieurs centimètres d'amplitude avec une durée d'un quart d'heure à une demi-heure ; enfin, M. Börgen, à Port-Moltke, dans la Géorgie du Sud.

Les lois de l'ondulation fixe fournissent l'explication du célèbre phénomène de l'Euripe, qui a tant et si vainement exercé la sagacité des auteurs anciens. Sous le pont qui franchit le détroit de l'Euripe, large de 65 m seulement, et qui rattache au continent la ville de Chalcis, située dans l'île de Négrepont, le courant assez fort pour mettre en mouvement les roues de moulins, change de direction

Fig. 40.

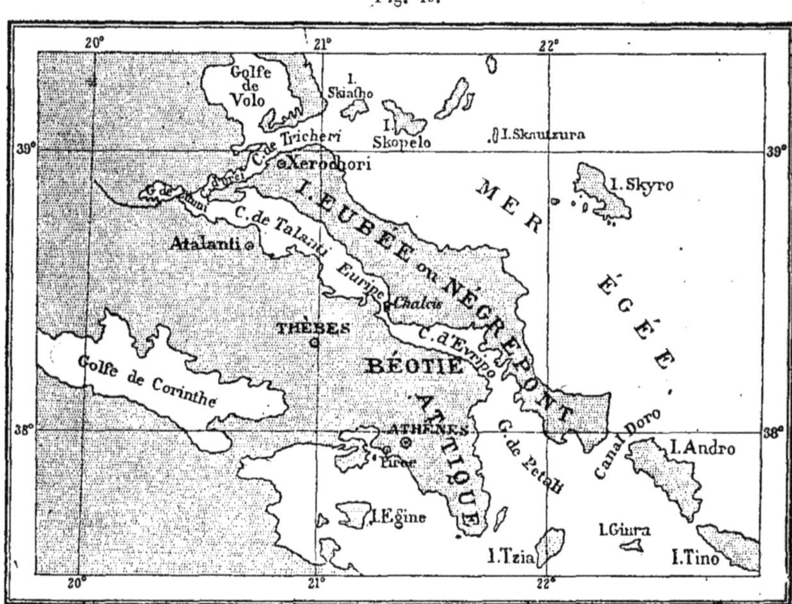

tantôt d'une manière réglée, à l'époque des syzygies, à quatre reprises différentes par jour lunaire, tantôt d'une manière déréglée, au moment des quadratures, et, dans ce cas, avec des alternatives de onze, douze, treize ou quatorze flux et reflux, et même davantage par jour. L'altitude, variable d'ailleurs, des marées peut atteindre un ou deux pieds. M. Forel [1] a montré que, dans le premier cas, les

[1] F.-A. Forel. *Le problème de l'Euripe*, la Nature.

courants réglés sont l'effet des marées luni-solaires de la mer Égée, tandis que les courants déréglés proviennent de seiches du canal de Talanti, qui fait communiquer l'Euripe avec la mer, par le nord de l'île. En appliquant la formule des seiches à ce canal, qui est un véritable lac, d'une longueur de 115 kilom sur une profondeur de 100 à 200 m, on trouve une durée de 66 à 122 minutes, correspondant bien aux 11 à 14 variations journalières du courant déréglé de l'Euripe. Aux syzygies, la marée luni-solaire est à son maximum, son effet éteint celui des seiches et les courants de l'Euripe sont réglés; aux quadratures, les marées sont faibles, les flux et reflux des seiches l'emportent, et les courants de l'Euripe sont déréglés.

Le capitaine Miaulis, de la marine hellénique, a observé d'autres anomalies dans les oscillations du niveau de l'eau au port nord et au port sud de Chalcis; il suppose qu'elles résultent d'oscillations se produisant dans le canal de l'Euripe entre l'Attique et le S.-W. de l'île d'Eubée, et qui viendraient introduire un élément de perturbation dans les oscillations de l'eau du canal de Talanti. Il se peut même qu'en outre des influences régulières des marées, les tremblements de terre et les éruptions volcaniques si fréquentes dans ces parages, jouent un rôle dans le phénomène.

Marrobio; Las Tascas; Resaca. — L'ondulation fixe paraît se manifester dans plusieurs phénomènes se présentant avec un aspect assez analogue sur diverses côtes où on les désigne par des noms spéciaux.

Le marrobio se fait sentir sur les côtes occidentales et méridionales de Sicile, depuis Trapani jusqu'à Syracuse. L'atmosphère étant chargée de vapeurs, le ciel de couleur gris de plomb ou rouge jaunâtre, la mer se gonfle subitement et se met à déferler sur la plage, en moyenne une fois par minute, et pendant une durée de deux heures, qui se prolonge parfois jusqu'à 24 heures; l'eau dégage une odeur désagréable, se trouble et devient rougeâtre, ce qui donne au phénomène son nom de *mar rubio*, mer rouge; les poissons s'enfuient vers le large ou demeurent comme stupéfiés. Le marrobio précède toujours un coup de vent de sirocco, et comme sa vague est assez élevée, puisqu'à l'embouchure du fleuve de Mazzara elle atteint une hauteur de 1 m, il a occasionné souvent la perte de navires.

Theob. Fischer [1] l'a décrit avec beaucoup de soin, mais pour le connaître complètement, il serait nécessaire de posséder des observations plus prolongées et des mesures plus précises. Il est très probable que ses causes sont volcaniques, bien que son apparition ne semble pas coïncider avec des secousses du sol; peut-être encore est-il le résultat d'une grosse houle plus ou moins compliquée de phénomènes d'interférences et d'ondulation fixe.

Près d'Alicante et de Valence, sur la côte d'Espagne, un phénomène du même genre porte le nom de *las tascas,* et précède également un coup de vent de sirocco.

La resaca a lieu dans les ports basques, et particulièrement à Saint-Sébastien et à Pasajes, dont l'entrée est large et profonde, tandis qu'elle est rare ou très faible à Santander et à Santoña, dont l'entrée est étroite ou tortueuse. La resaca se manifeste par une longue oscillation de toute la masse d'eau contenue dans le port, assez violente pour faire chavirer les petits bâtiments et secouer les gros navires mouillés jusqu'à briser leurs chaînes d'ancres. Le 12 décembre 1874, quatre navires de la marine de guerre espagnole ont éprouvé de fortes avaries par une resaca à Pasajes et deux d'entre eux ont même dû s'échouer pour éviter une perte totale. Il serait à désirer que le phénomène fût étudié avec précision; il n'a été décrit que par des officiers de la marine allemande qui l'ont observé [2] pendant l'hiver de 1874 à 1875.

CHAPITRE IV.

COURANTS.

1. Instruments de mesure.

Un courant est caractérisé par sa direction et sa vitesse; comme il existe des courants superficiels et des courants profonds, ces caractéristiques doivent être obtenues aussi bien à la surface de la mer que dans ses profondeurs. Un grand nombre de procédés et

[1] Theob. Fischer, *Beit. zur phys. Geogr. der Mittelmeerländer,* p. 92-96.
[2] Annalen der Hydrographie, 1875, p. 464 f.

d'appareils ont été imaginés dans ce but; nous ne décrirons que les principaux.

Corps flottants. — Les objets flottants abandonnés à eux-mêmes, sont entraînés par les courants, et l'étude de leur marche, la connaissance de leur point de départ et de celui de leur arrivée, de la durée de leur voyage, permet de calculer la direction et la vitesse du courant qui les a portés. C'est ainsi que les troncs d'arbres, les fruits des tropiques trouvés sur des plages éloignées, les glaces de dérive, les plantes marines arrachées aux rochers sont autant de flotteurs naturels dont les indications sont précieuses. Dans toutes ces observations, il importe de noter en même temps la direction et la force du vent dont l'influence sur les courants est capitale.

Les épaves de navires naufragés rendent d'utiles services à ce point de vue. Le *U. S. Hydrographic Office*, de Washington, sur ses *Pilot Charts*, indique mensuellement pour l'Atlantique nord le point et la date de leur rencontre à la mer. Ces navires étant pour la plupart connus par leur nom, on les suit presque pas à pas dans leur course et l'on est en mesure de tracer, par un nombre considérable de points, leur trajectoire complète, même lorsqu'elle se recourbe sur elle-même et forme des boucles. Certains d'entre eux ont été reconnus et signalés plus de quarante-cinq fois, ayant parcouru plus de 5 000 milles et étant restés plus de quinze mois flottant au gré des vents et des courants. On comprend toute l'importance de ces données. M. Hautreux [1] a écrit à ce sujet une note très intéressante où il a été montré graphiquement les variations considérables que subissent, d'une année à l'autre, à des époques correspondantes, les limites et la puissance des courants en général et du Gulf Stream en particulier. Les *Pilot Charts* ont également pointé les localités où ont été rencontrées les bûches du grand radeau de 27 000 troncs d'arbres, disloqué par une tempête le 18 décembre 1887, par 46° 16′N et 72° 26′ W, et réalisant ainsi l'expérience de flottage la plus gigantesque.

Bouteilles. — Une bouteille renfermant un papier indiquant le

---

[1] A. Hautreux. *Les courants de l'Atlantique nord en 1889, d'après les épaves flottantes*, Bulletin de la Société de Géographie commerciale de Bordeaux, 1890.

lieu et la date de son immersion, puis *soigneusement bouchée et jetée. par-dessus bord*, est un très simple et excellent flotteur.

S. A. S. le prince Albert de Monaco, en collaboration avec M. Pouchet, a étudié par cette méthode, à bord de l'*Hirondelle*, en 1885, les courants au voisinage des Açores[1]. Chacun de ses flotteurs contenait, dans un tube de verre scellé à la lampe, un avis en neuf langues différentes, invitant la personne qui le découvrirait à le transmettre avec l'indication de la localité et la date de la découverte aux autorités de son pays, chargées de le faire parvenir au Gouvernement français.

Les flotteurs de l'*Hirondelle* étaient des bouteilles, des sphères en cuivre et des barils.

Les bouteilles en verre étaient simplement fermées par un bon bouchon enduit de brai et recouvert d'une feuille de caoutchouc solidement ficelée. On en immergea 139.

Les sphères en cuivre (*fig.* 41), au nombre de 10, et d'une contenance de 10 litres, étaient en deux hémisphères munis de rebords saillants s'appliquant sur une feuille de caoutchouc et bien serrés par dix boulons en laiton. Leur poids dépassait de peu quatre kilogrammes et elles s'élevaient au-dessus du niveau de l'eau de plus de moitié de leur hauteur. On les enveloppait dans un sac en jute avec deux litres environ de gravier et de sable, destiné à tomber aussitôt que les animaux marins auraient attaqué et détruit le tissu végétal. La sphère, alourdie par le poids de ces animaux, était alors subitement allégée; *elle remontait à la surface et était libre de poursuivre sa route.*

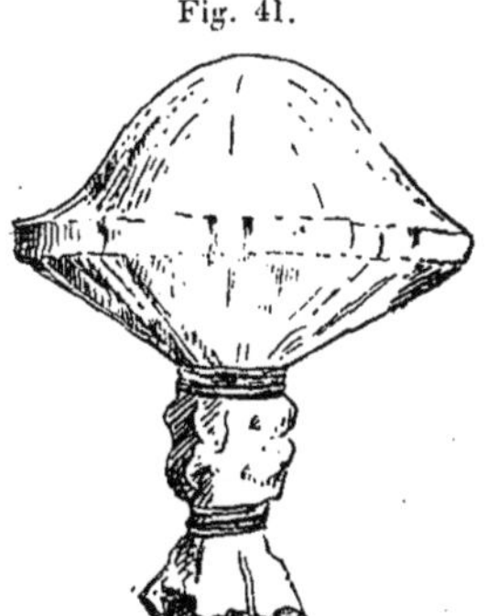
Fig. 41.

Les barils (*fig.* 42), au nombre de 20 et de la contenance de 20 litres, remplis de balle d'avoine, étaient en chêne, à douves très fortes, cerclés en fer, sans autre ouverture que la bonde bouchée par un bouchon recouvert d'une feuille de caoutchouc, recouverte

[1] S. A. le Prince Albert de Monaco. *Sur le Gulf Stream. Recherches pour établir ses rapports avec la côte de France ; campagne de l'« Hirondelle »*, 1885; Gauthier-Villars, Paris, 1886, et nombreuses notes insérées aux Comptes rendus de l'Académie des Sciences.

elle-même par une plaque de cuivre. Ils étaient goudronnés en dedans, galipotés en dehors, et peints en rouge et en blanc. On les

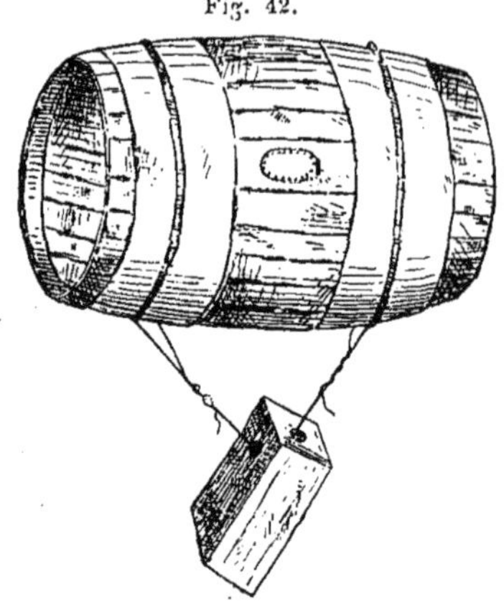

avait alourdis de manière qu'ils plongeassent presque entièrement dans la mer et pussent éviter de donner beaucoup de prise au vent. Ils ne surnageaient, en effet, que de un décimètre environ. Comme, d'autre part, on pouvait prévoir que pendant leur séjour prolongé dans l'eau ils augmenteraient de poids par imbibition, infiltration ou parce qu'ils se recouvriraient d'animaux marins, ils étaient entourés de deux cerceaux en bois portant une gueuse de fonte du poids de 18 kilog, suspendue par un fil de fer. Après un certain temps, les cerceaux devaient se pourrir, les fils de fer se rouiller et, par leur rupture, dégager la gueuse et permettre au baril délesté de flotter de nouveau.

Le prince de Monaco [1] a exécuté une seconde expérience du même genre en 1886 avec 510 bouteilles, et en 1887 avec 935 bouteilles en verre, dont chacune était introduite dans une enveloppe sphérique de cuivre rouge, terminée par un large goulot, se tournant vers le bas lorsque le flotteur était à l'eau et grâce à un lest de gravier. On en avait déjà retrouvé 101 en juillet 1889.

Les navires de l'État allemand, en cours de voyage, jettent réglementairement chaque jour à midi une bouteille par-dessus bord, et l'exemple est suivi par un grand nombre de navires de commerce. Chaque bouteille, lestée d'un peu de sable, contient la date et l'indication du lieu d'immersion, ainsi que la prière, en cas de découverte, d'adresser les informations au plus prochain consulat, chargé de l'envoyer au *Deutsche Seewarte* de Hambourg, où les observations sont cataloguées et publiées dans les *Annalen der Hydrographie* [2]. Il en est de même aux États-Unis, et l'*Hydrographic Office*, dans son numéro de juillet 1891 des *Pilot Charts,* donnait la carte du trajet

---

[1] S. A. le Prince Albert de Monaco. *Expériences de flottage sur les courants superficiels de l'Atlantique nord.* Congrès international des sciences géographiques en 1889.

[2] Voyez le texte des instructions dans Otto Krümmel, *der Ozean,* p. 213.

de 134 bouteilles immergées dans l'Atlantique nord par des bâtiments de toutes les nations, avec un tableau indiquant la date et le lieu d'immersion, le lieu de découverte, le nombre de jours du trajet, sa longueur en milles et la marche moyenne par jour. La carte montre des trajets relevés d'avril 1889 à juillet 1891, c'est-à-dire pendant 27 mois. Il faut se souvenir que la marche moyenne par jour d'un flotteur est toujours trop faible, parce que lorsque ce dernier s'échoue sur une côte, il se passe toujours un certain temps avant qu'il soit découvert, ce qui augmente la durée totale du voyage, telle qu'on est forcé de l'évaluer par la différence des dates d'immersion et de découverte.

Propriétés physiques. — Comme les molécules liquides d'un courant marin constituent une masse considérable, elles ne modifient que lentement leurs propriétés physiques, en général différentes de celles des eaux à travers lesquelles le courant se fraye un passage. On pourra donc suivre en quelque sorte l'individualité d'eaux en vérifiant par l'observation directe cette constance de leurs propriétés physiques. On choisira de préférence la densité et la température, à cause du maniement si facile et si prompt de l'aréomètre et du thermomètre. Ce procédé est le plus ancien de ceux qui ont servi à découvrir l'existence des courants et à les étudier systématiquement. Dès 1606, le géographe français Marc Lescarbot remarqua le premier l'élévation de la température des eaux dans les parages de Terre-Neuve; l'astronome Chappe d'Auteroche, en 1768, releva les températures de l'eau de surface pendant toute une traversée de France au Mexique, et l'on sait que Franklin en fit usage, en 1775, pour le Gulf Stream.

Loch. — A bord d'un navire à l'ancre, on observe les courants superficiels au moyen du loch. On donne ce nom à un triangle isocèle, en bois, de 20 à 25 cm de hauteur, et dont la base, au lieu d'être rectiligne, est légèrement arrondie et lestée de plomb, de manière que, immergé, il se maintienne debout dans l'eau. Les trois angles de ce triangle, ou bateau de loch, sont maintenus par trois cordelettes égales, se réunissant à une ligne unique divisée en mètres par des nœuds ou des lanières de cuir, comme une ligne de sonde. On lance le bateau de loch, on le laisse filer pendant un certain temps, afin de lui permettre de ne plus s'avancer que sous l'action du courant et de corriger la courbure que prend forcément la ligne de sonde. On compte alors le nombre de mètres dévidés pendant un temps connu, une ou deux minutes mesurées à l'ampoulette, au compteur ou simplement avec une montre à secondes. La direction est relevée au compas.

Il est préférable d'opérer au moment de la morte eau afin d'éviter l'influence perturbatrice des marées. Ou bien on renouvelle la mesure d'heure en heure et même de demi-heure en demi-heure afin de se renseigner sur cette influence. On note toujours la direction du vent et son intensité.

Point observé et point estimé. — A bord d'un navire en cours de navigation, on détermine astronomiquement, chaque jour à midi, le point c'est-à-dire la latitude et la longitude du lieu où l'on se trouve. On joint par une ligne droite les deux points consécutifs ainsi obtenus et marqués sur la carte et l'on admet qu'elle représente la véritable route suivie par le navire. D'autre part on fait l'estime. En partant du point calculé la veille supposé exact, en tenant compte de la direction du bâtiment, du temps pendant lequel elle a été conservée et de la vitesse, on trace sur la carte une ligne plus ou moins brisée dont l'extrémité, dite point estimé, ne coïncide pour ainsi dire jamais avec le point calculé. On admet alors que cette différence représentée par la droite joignant le point calculé au point estimé, est due au courant qui a fait dériver le navire et dont on fixe la direction et la vitesse au moyen même de cette différence.

Pour avoir la vitesse, on jette le loch. La ligne qui le retient, longue de 230 à 250 m, est divisée par des nœuds rouges espacés de 47 pieds 6 pouces les uns des autres; cette distance porte le nom de nœud et est la 120e partie du mille de 1852 m. La graduation de la ligne de loch ne commence qu'à une distance du bateau égale à la longueur du navire. On suppose que le bateau demeure immobile; on laisse se dévider la ligne enroulée sur un rouleau très mobile soutenu à deux mains par un timonier; au moment où passe le premier nœud rouge, un homme retourne un sablier coulant en une demi-minute et l'on compte le nombre de nœuds et de demi-nœuds filés pendant cette demi-minute et qui correspond au nombre de milles parcourus par le navire en une heure. On a ainsi la vitesse.

Ce mode d'étude des courants, malheureusement le plus usité, est d'une application simple et commode, mais il est très inexact. Le bateau de loch ne demeure pas immobile, car il est sollicité dans un sens par la traction de la ligne et en outre dérive sous l'action même du courant, des vagues et du vent; la ligne de loch se tient si peu droite qu'en réalité, pour compenser la courbure et avoir une meilleure approximation, les nœuds y sont espacés non de la distance théorique, 47 pieds 6 pouces, mais seulement de 45 pieds (14,60 m); la détermination astronomique du point observé comporte une inexactitude inévitable; le compas indiquant la direction subit des perturbations magnétiques locales ou dues au navire même; l'homme de barre ne conserve pas une route absolument rectiligne, surtout par grosse mer lorsqu'il est forcé d'éviter les lames. Le procédé n'est donc qu'une totalisation d'erreurs.

Flotteur de Mitchell. — Cet appareil, servant à mesurer la vitesse et la direction des courants superficiels et profonds, a été employé pour la première fois par le Prof. Henry Mitchell, de l'*U. S. Coast and Geodetic Survey*, et ensuite par les officiers américains, pour étudier le Gulf Stream, depuis la surface jusqu'à 300 brasses de profondeur.

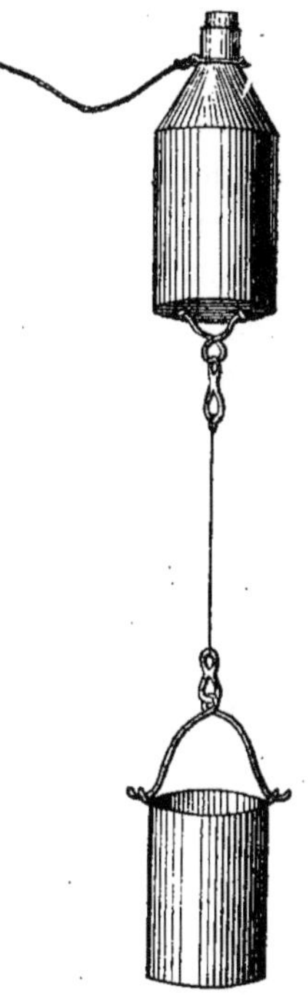
Fig. 43.

Il se compose de deux récipients ou bidons, en cuivre rouge, l'un en forme de cylindre fermé d'un seul côté (*fig.* 43), ayant 20 cm de diamètre et 30 cm de hauteur, l'autre entrant exactement dans le premier, ce qui facilite le transport, et pouvant être considéré comme possédant les mêmes dimensions, mais surmonté d'une portion tronconique de 7 ou 8 cm de haut, terminée par un goulot fermé par un bouchon et muni d'un double anneau latéral. Souvent on plante dans le bouchon un petit pavillon destiné à laisser distinguer le flotteur de plus loin. On relie les deux bidons à des distances variables à volonté, au moyen d'un fil d'acier, ou mieux d'une série de ces fils munis à leurs extrémités d'un anneau, à l'autre d'un porte-mousqueton, et respéctivement longs de 2, 5, de 5 et de 10 m, de manière à ce qu'il soit aisé de les ajouter les uns aux autres, et sur une longueur presque quelconque.

Supposons que l'on ait à mesurer les éléments d'un courant superficiel, c'est-à-dire sa direction et sa vitesse. On profite de ce que le navire est mouillé ou vient d'exécuter un sondage, et surtout un dragage qui l'immobilise. Le *Blake* est parvenu à mouiller sur une ancre, par un fond de 210 brasses, avec un câble en fils d'acier à la fois très léger et très résistant. On amarre une embarcation sur la ligne de sonde, ou mieux sur le câble de la drague. On immerge le cylindre inférieur en le lestant, s'il y a lieu, avec quelques cailloux, on y attache un fil d'acier de 2, 5 m, afin d'éviter l'influence immédiate du vent dans les couches tout à fait superficielles; on fait flotter le bidon supérieur, suffisamment rempli d'eau, pour que sa portion cylindrique soit entièrement immergée; on ferme avec le bouchon, et l'on attache aux anneaux une cordelette fine divisée en mètres. On abandonne au courant. Le double système s'éloigne, on relève sa direction φ au compas et on mesure le chemin qu'il a parcouru d'après la longueur de cordelette filée pendant un temps déterminé.

Pour mesurer un courant profond, on commence par relever, comme précédemment, la direction et la vitesse du courant de surface; on coule le bidon cylindrique à la profondeur voulue, on attache le bidon supérieur muni de sa cordelette; on abandonne le système à lui-même, et on mesure le chemin qu'il a parcouru au bout du temps t. On note l'azimut.

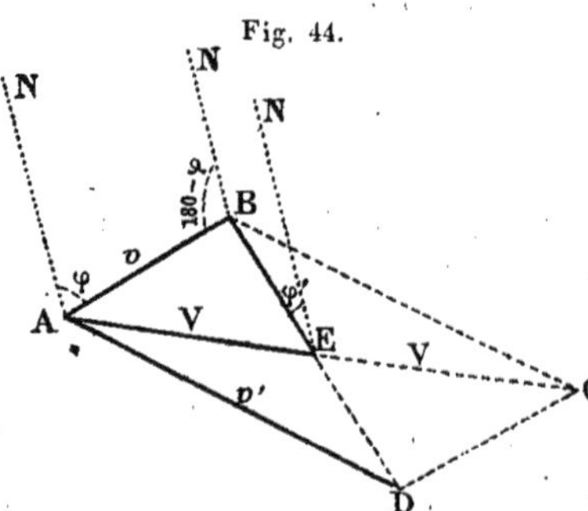

Soit AB $= v$ la trajectoire orientée du courant de surface pendant le temps 1, pour le double système destiné à mesurer le courant profond (*fig. 44*). Si le flotteur supérieur avait été seul pendant l'unité de temps, il aurait eu la vitesse v du courant superficiel, tandis que si le flotteur inférieur avait été seul pendant un temps égal, il aurait eu la vitesse inconnue du courant profond. En réalité, pendant deux unités de temps, le système a eu la vitesse 2 V notée expérimentalement. En composant suivant le parallélogramme des forces $AB = v$ et $AC = 2V$, on aura en longueur et en direction $AD = v'$, vitesse du courant profond. On pourra graphiquement prendre $AB = v$ et $AE = V$, joindre B à E et prolonger d'une longueur égale $ED = BE$, puis joindre A à D.

Il est d'usage d'évaluer la vitesse d'un courant par l'espace qu'il parcourt pendant une heure.

Si l'on veut économiser le temps, on détermine, comme il est dit précédemment, les éléments du courant de surface pendant que, le plomb de sonde ou la drague est immobile au fond et dans une embarcation amarrée. Cette donnée obtenue, on étudiera les courants profonds avec une embarcation libre. On se détache et on laisse le navire remonter son plomb de sonde ou poursuivre son opération de dragage.

On abandonne à la fois, en un point quelconque A (*fig.* 44), un double flotteur de surface et un double flotteur de fond. Le premier est muni d'une cordelette divisée qu'on laisse filer. On suit le double flotteur de fond, en ayant soin de ne gêner en rien son mouvement. Au bout d'une unité de temps, le flotteur de surface étant en B, tandis que le flotteur de fond est en E, on mesure la distance B E, ainsi que l'azimut $NEB = \varphi'$. Il est alors facile de tracer A D en longueur et en direction.

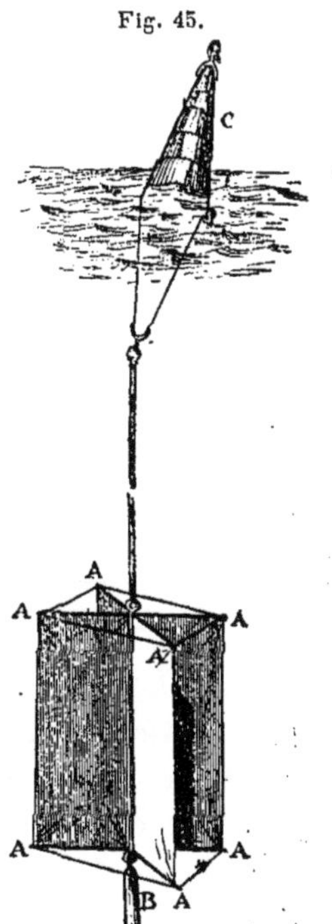

Fig. 45.

Flotteur du « Challenger ».—On s'est servi, à bord du *Challenger*, d'un indicateur de forme différente[1]. Il se compose (*fig.* 45), de quatre barres de fer réunies deux par deux à chaque extrémité d'une barre verticale, et qui peuvent, à volonté, se replier les unes sur les autres, afin de tenir moins de place. Au moment d'en faire usage, on les maintient en croix avec une corde, et on y fixe quatre pièces rectangulaires de toile à voile, cha-

---

[1] Report on the scientific results of the voyage of H. M. S. Challenger during the years 1873-76. *Narrative*, vol. I, p. 80.

cune d'une largeur de 65 cm sur 130 cm de hauteur ; on leste d'un poids de plomb pesant 25 kilog et on attache une corde ayant la longueur requise pour atteindre la. profondeur désirée. On fixe à une bouée de surface ayant 165 cm de hauteur, 33 cm de diamètre au milieu, s'effilant aux extrémités, et capable de supporter un poids de 35 kilog dans l'eau. On a même quelquefois employé deux ou plusieurs de ces bouées. On opérait comme il a été indiqué à propos du flotteur de Mitchell.

Cet appareil possède de sérieux désavantages : la bouée supérieure présente trop de prise au vent ; en outre, la surface du flotteur profond n'est ni égale ni dans un rapport connu avec la surface immergée de la bouée. Il s'introduit ainsi dans la construction précédente un élément non évalué, l'action relative de chaque courant sur

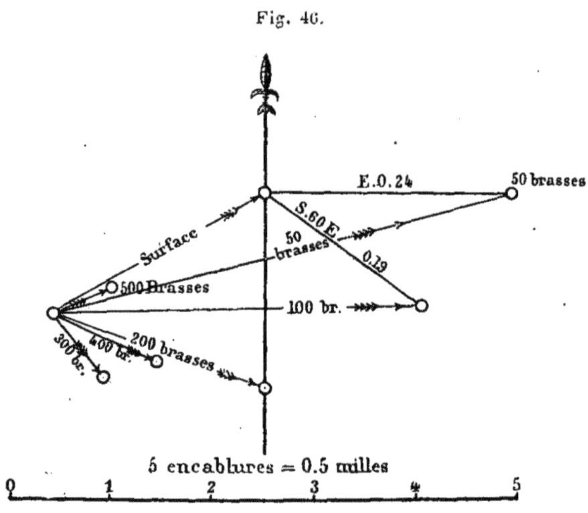

chaque flotteur qui s'égalise avec l'appareil de Mitchell. Les savants du *Challenger* ont cependant exécuté avec cet instrument des mesures jusqu'à une profondeur de 600 brasses. La fig. 46 montre la rose des directions obtenue le 24 avril 1873 entre les Canaries et les îles du Cap Vert. Le courant de surface était N. 60° E., 0,24 milles à l'heure, celui du flotteur inférieur, à 50 brasses, était E, 0,24 milles à l'heure ; la véritable direction, à 50 brasses, était donc N. 75° E, 0,46 milles à l'heure.

Rhéobathomètre de Stahlberger. — Dès la fin du XVIIe siècle [1], Hooke avait songé à employer, pour évaluer la profondeur de l'Océan, un flotteur libre consistant en une sphère de bois léger, lestée d'un poids capable de l'entraîner, qui, arrivé au fond, se détachait par le choc et permettait à la sphère de remonter à la surface. Hooke avait remarqué qu'un pareil système était susceptible de fournir des indications sur la force et la direction des courants compris entre le fond et la surface. L'idée a été reprise par Stahlberger, dont l'appareil perfectionné porte le nom de rhéobathomètre.

Le rhéobathomètre (*fig.* 47) consiste en une bouée légère, A, portant à son extrémité inférieure un anneau ouvert, de laiton creux et élastique R, analogue au ressort d'un manomètre métallique. Cet anneau se comprime et se serre sous l'influence de la pression. A son intérieur est une pince *o*, qui, suffisamment serrée par l'anneau, s'ouvre et laisse échapper son lest par retournement d'un récipient G, de forme spéciale. Une vis micrométrique permet de régler d'avance le degré de compression et par conséquent la profondeur à laquelle aura lieu le retournement. On immerge l'appareil libre; il s'enfonce jusqu'à la profondeur voulue; à ce moment le ressort se comprime, le crochet s'ouvre, le récipient se retourne, vide son lest, et tout le système ainsi allégé remonte à la surface. Il y aurait tout avantage à remplacer le récipient à lest par un simple sac rempli de pierres et sans valeur, qui serait abandonné à chaque opération.

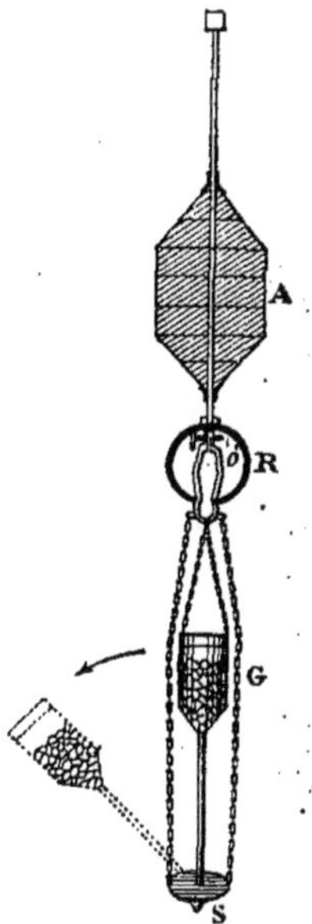

Fig. 47.

Pour étudier avec cet appareil un courant sous-marin [2], à la profondeur H-*h*, on immerge successivement le rhéobathomètre à la profondeur *h*, puis à la profondeur H. Appelons *t* et T les temps qui lui sont nécessaires dans chaque cas, pour descendre et remonter, soient *d* la distance entre un flotteur de surface et l'appareil au

[1] *Lowthorp's Abridgment*, Phil. Trans. II, 257 *in* Chall. Rep. *Narrative*, XXXIV.
[2] E. Stahlberger. *Das Rheobathometer*, Fiume, 1873, *in* F. Attlmayr, *Handbuch der Oceanographie und maritimen Meteorologie*, I, 112.

moment où il émerge, Z son azimut, dans le premier cas, D et Z′ les mêmes éléments dans le second cas; en posant :

$$S = D \cos Z' - d \cos Z,$$

et

$$S_1 = D \sin Z' - d \sin Z.$$

on a les valeurs

$$C = \frac{S}{T - t}$$

$$C_1 = \frac{S_1}{T - t}$$

pour les composantes perpendiculaires entre elles de la vitesse relative de l'eau à la surface par rapport à la vitesse de l'eau à la profondeur H-h. Si on connaît les éléments du courant de surface, il sera facile d'en conclure les éléments du courant profond. Soient γ et γ_1 les composantes de vitesse du premier, celles du second seront en valeur absolue $C - \gamma$ et $C_1 - \gamma_1$, dont la résultante donnera la vitesse et la direction du courant profond.

On pourrait encore se servir d'une sphère de Hooke, fixée à une profondeur déterminée à la ligne de sonde ou au fil d'acier, et qu'on détacherait au moment convenable, depuis la surface, par l'envoi d'un messager.

Supposons que AB représentant la surface de l'eau (*fig.* 48) et AF une profondeur connue H, le courant ait même force et même direction dans toute la tranche H; on abandonne en même temps du point A un premier flotteur et un second du point F. Il est évident que, dans ce cas, le second flotteur viendra choquer le premier, en apparaissant à la surface à une distance AB de A dépendant de la profondeur, de la rapidité du courant et de la légèreté du flotteur qui le fait remonter plus ou moins rapidement, et qu'il sera aisé de déterminer en observant son azimut et en mesurant, par une cordelette attachée au flotteur de surface, la distance parcourue jusqu'au moment du choc.

Fig. 48.

Supposons maintenant que de A en F, sur une profondeur H (*fig.* 49), le courant ait partout la même force et la même direction indiquées par la droite **A B**, mais que cette force et cette direction varient de **F** en **E** et soient alors marquées par **F G**. On abandonne en même temps les deux flotteurs en **A** et en **E**. Le premier suit la ligne **A B**, le second la ligne **E G** + **G C**, et vient apparaître en **C**. On peut mesurer la distance **A B** parcourue jusqu'à l'instant de l'émersion, et, comme depuis ce moment le flotteur profond marche parallèlement au flotteur de surface et avec la même vitesse, on a tout le loisir nécessaire pour mesurer, sinon la ligne **B C** elle-même, du moins une ligne qui lui est égale et parallèle. On prend les azimuts φ et φ des directions **A B** et **B C**.

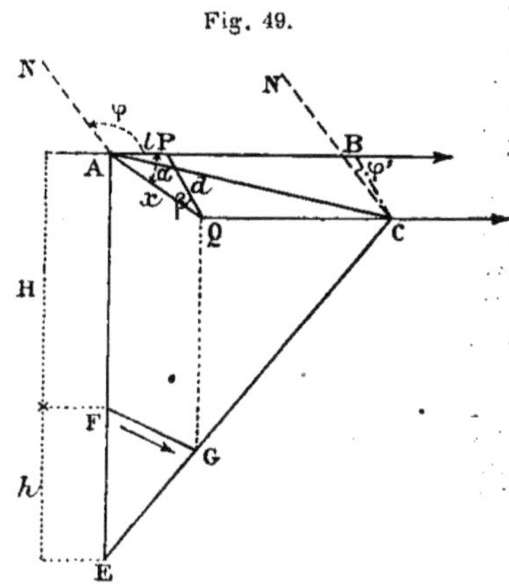

Fig. 49.

Dans le triangle **A P Q**, on connaît **A P** $= l$ calculé d'après le chemin qu'aurait parcouru le flotteur de surface pendant le temps écoulé depuis sa mise en marche jusqu'à sa rencontre avec le flotteur profond, si ce dernier avait été abandonné à la profondeur **A F** $=$ **H**, et le chemin **A B** qu'il a parcouru jusqu'au moment où le flotteur profond a apparu en **C**, l'angle **A P Q** $= \varphi + \varphi'$ et **P Q** $= d$. On cherche **A Q** $= x$ et l'angle **P A Q** $= \alpha$ ou **P Q A** $= \beta$.

On a, d'après les formules connues,

$$\operatorname{tg} \frac{\beta + \alpha}{2} = \operatorname{cotg} \frac{\varphi + \varphi'}{2}$$

$$\operatorname{tg} \frac{\beta - \alpha}{2} = \frac{(l - d) \operatorname{cotg} \dfrac{\varphi + \varphi'}{2}}{l + d}$$

$$\frac{\beta + \alpha}{2} = M \qquad \frac{\beta - \alpha}{2} = N$$

$$\alpha = M - N$$

$$x = \frac{(l + d) \sin \dfrac{\varphi + \varphi'}{2}}{\cos \left(\dfrac{\beta - \alpha}{2} \right)} = \frac{(l + d) \sin \dfrac{\varphi + \varphi'}{2}}{\cos N}$$

Cette méthode, soit par le rhéobathomètre, soit par la sphère de Hooke, entraîne à d'assez longs calculs. On est mal assuré du fonctionnement régulier de la bouée creuse. Si elle est en métal, elle se comprime; si elle est en liège, elle s'imbibe d'eau et sa force ascensionnelle se modifie dès le début ou après usage. En outre, il est nécessaire de connaître les profondeurs où ont lieu les changements dans les courants et toutes les variations d'intensité et de direction entre la surface et la profondeur à laquelle on lâche le flotteur libre. Pour tous ces motifs, la méthode ne saurait être très recommandée.

Mesureur d'Arwidson. — L'appareil (*fig.* 50), basé sur le principe de l'anémomètre de Robinson, sert à mesurer la vitesse d'un courant superficiel ou profond, mais il n'en donne pas la direction. Une croix [1], dont chacune des quatre branches S, S, S, est terminée par une demi-boule creuse, tourne autour de l'axe A, communique avec un double compteur de tours Z Z′ et est fixée au milieu d'une monture en métal B. En K est une sphère très lourde; R et R′ sont deux anneaux où sont attachées deux cordes indépendantes l'une de l'autre.

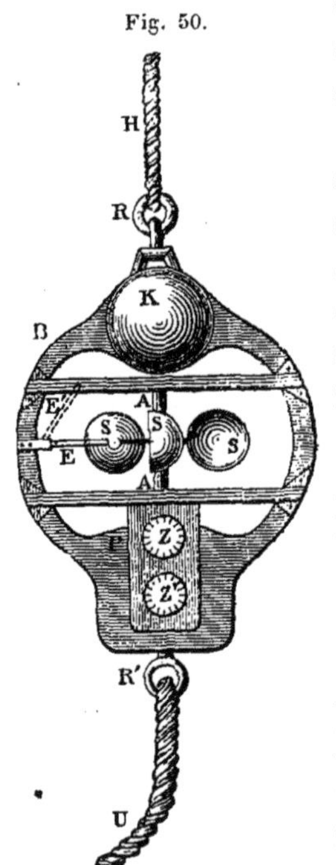

Fig. 50.

On descend l'appareil en le tenant par la corde H; les ailettes, maintenues par l'arrêt E, demeurent immobiles. Quand on a atteint la profondeur voulue, on mollit H et on tire brusquement la corde U, la sphère pesante fait chavirer l'appareil, de sorte que l'arrêt E tombe et prend la position E′; les boules commencent alors à tourner et les tours à s'inscrire. Après un temps déterminé, on exécute le mouvement inverse en mollissant U et en tirant H, l'arrêt reprend la position E et immobilise les ailettes. On remonte au moyen de la corde H. On a calculé préalablement la constante de chaque appa-

---

[1] *Handbuch der nautischen Instrumente,* p. 161.

reil. En la supposant, par exemple, égale à 0,45545, si v est la vitesse longitudinale, n le nombre de tours et t celui des secondes, on aura

$$v = \frac{n \times 0.45545}{t} \text{ mètres.}$$

Indicateur d'Aimé [1]. — L'indicateur d'Aimé ne donne, au contraire, que la direction d'un courant profond. C'est une boîte métallique portant une girouette fixe et une aiguille aimantée mobile. Si on immerge le système au bout d'une ligne de sonde et qu'on le soumette à l'action d'un courant, la girouette et par conséquent la boîte se placent évidemment dans la direction du courant, et toutes deux restent ensuite immobiles. L'aiguille aimantée possède alors une orientation déterminée dans laquelle on l'immobilise, depuis la surface, par l'envoi d'un messager qui fait tomber une couronne, garnie de 36 dents verticales, entre deux desquelles chaque extrémité de l'aiguille reste prise. Il suffit dès lors de remonter l'appareil pour reconnaître l'angle fait par la girouette avec l'aiguille, et par suite avec le méridien magnétique.

L'appareil consiste en une boîte (*fig.* 51) en métal B B, de 16 cm de diamètre, lestée d'un poids L, portant la girouette V maintenue par la vis s et, dans son intérieur, l'aiguille aimantée A A.
La couronne D avec ses 36 dents
verticales $z\,z$, est fixée à une
tige S glissant dans l'intérieur
du cylindre F, munie d'une tête
T supportant une languette métallique a garnie d'un appen-
dice b qui, par sa pression contre F, maintient la tige S et la
couronne dentée relevées. La
ligne de sonde traverse T et son

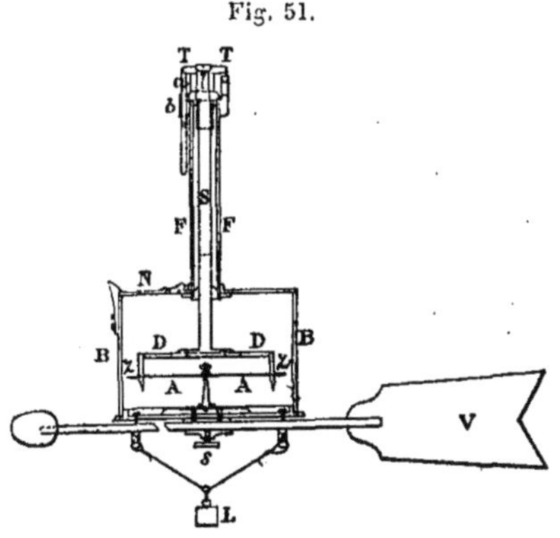

Fig. 51.

extrémité s'attache à F. Au moment d'arrêter, le messager frappe sur la tête T, pousse la languette a, la pression de b est vaincue, le système de la tige S et de la couronne D tombe et immobilise

[1] **Aimé.** Annales de chimie et de physique, 3e série, t. XIII, 1845, p. 461.

l'aiguille aimantée. On observe sa position par l'ouverture N pratiquée dans la boîte.

L'appareil est simple, mais il possède plusieurs inconvénients.

Comme la girouette et l'aiguille aimantée occupent toujours une situation quelconque l'une par rapport à l'autre, même sans le moindre mouvement de l'eau, il sera nécessaire, pour être assuré de l'existence d'un courant, de faire au moins deux expériences avec résultats concordants.

Le bâtiment doit être immobile afin que son mouvement ne vienne pas modifier la position prise par la girouette immergée sous l'action du courant profond supposé exister.

Une ligne de sonde en chanvre, en s'imbibant d'eau, éprouve une torsion qui vient troubler la position de la girouette; il serait préférable de suspendre l'appareil avec un fil d'acier.

L'amiral Irminger, de la marine danoise, a exécuté avec l'indicateur d'Aimé, en 1847, 1848 et 1849, de nombreuses observations de courants sous-marins, dans l'Atlantique nord, jusqu'à une profondeur de 920 m.

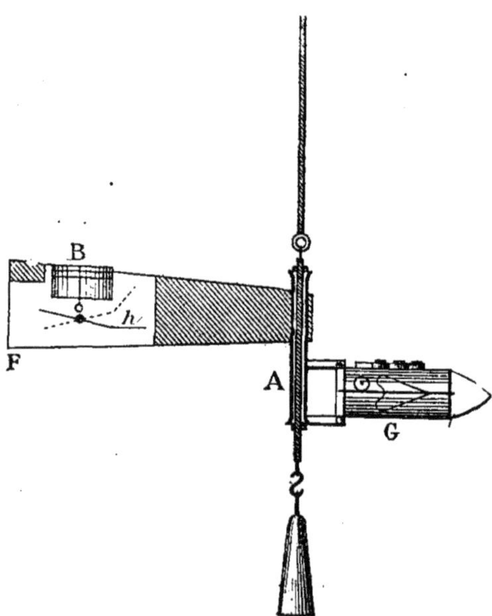

Fig. 52.

Mesureur de Mayer. — Le mesureur de Mayer qui fournit la direction et la vitesse [1] consiste en un axe A en métal (*fig.* 52) traversé par la ligne de sonde à laquelle est attaché un poids et maintenu bien vertical. D'un côté se trouve une girouette F entre les branches de laquelle est un compas B et de l'autre un mesureur **de** vitesse G composé d'une hélice et d'un indicateur de tours. L'appareil étant immergé à la profondeur convenable, la girouette se dispose parallèlement au courant, l'hélice commence à tourner, l'aiguille du compas prend une orientation déterminée et est immobilisée dans sa position par un levier spécial *h* muni d'une large surface qui chavire dès qu'un mouvement d'ascension est communiqué à l'appareil.

Mesureur de Pillsbury.— L'appareil du lieutenant J. E. Pillsbury, de l'*U. S. Coast and Geodetic Survey*, avec lequel il a exécuté à bord du *Blake*, ses importantes études sur le Gulf Stream [2], donne en même temps la direction et la vitesse d'un courant superficiel ou profond. Il se compose (*fig.* 53) d'une monture métallique verticale de forme elliptique *mm* traversée par un axe vertical creux et d'une circonférence métallique dentée *h* ayant même centre que l'ellipse et destinée à demeurer horizontale. Autour de l'axe est fixée une large et mince feuille métallique *a*, faisant fonction de girouette, c'est-à-dire tournant sous l'action du courant et orientant dans une direction con-

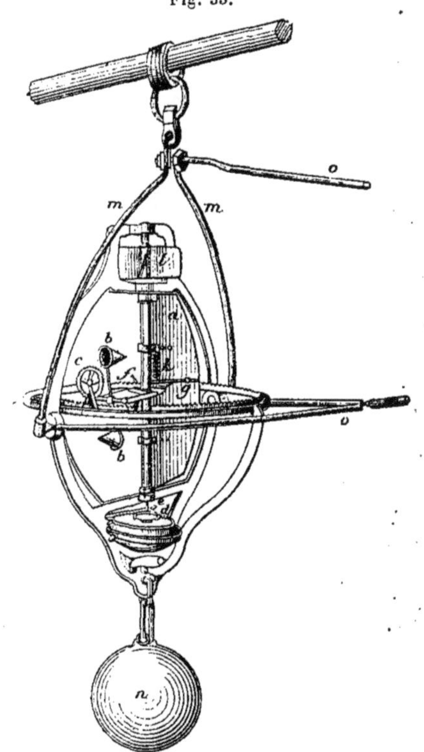

Fig. 53.

nant sous l'action du courant et orientant dans une direction **con-**

[1] Mittheilung aus dem Gebiete des Seewesens, Pola, 1877, XI.

[2] United States, Coast and Geodetic Survey, Methods and Results. Gulf Stream Explorations. Observations of currents. Appendix n° 14. — Report for 1885. Washington, 1886.

venable pour son fonctionnement une roue de quatre tiges rectangulaires dont chacune porte un petit cône métallique creux *b*. Le courant fait tourner ces cônes et le nombre des tours est enregistré par un compteur *c*. A la partie inférieure est une aiguille aimantée dans une boîte oscillante *d*, fermée par un verre et servant de compas. L'appareil étant immergé et maintenu immobile à une profondeur déterminée, la girouette *a* donne l'orientation, la roue *b* marche et ses tours s'enregistrent, enfin l'aiguille aimantée prend sa direction. On abandonne le système à lui-même pendant un temps connu. Dès qu'on le remonte, l'hélice *l* agit sur une tige *f* qui, par l'intermédiaire des deux ailes horizontales *k* et du double levier *g*, fixe et immobilise la girouette dans une des dentelures de la couronne *h*. En même temps, la roue *b* est arrêtée et le compteur cesse par conséquent de marcher; le bas de la tige *f*, en descendant, appuie sur le levier *e* ce qui, par un renvoi, soulève l'aiguille aimantée, l'applique et l'immobilise contre le couvercle en verre de la boîte. On peut donc, à bord, connaître l'azimut de la girouette qui est celui du courant et lire le nombre de tours accomplis, c'est-à-dire la vitesse.

Le mesureur, lesté par un poids *n*, est descendu à la profondeur voulue le long du fil de sonde auquel il est relié par la double tige *o o*. L'appareil est gradué en l'immergeant à la surface et en comparant ses indications de vitesse avec celles fournies par une ligne de loch employée à la façon ordinaire.

Tourniquet de Woltmann. — Le tourniquet de Woltmann, perfectionné par Amsler-Laffon, est lui-même un perfectionnement de l'appareil de Mayer. Il se compose[1] d'une tige horizontale suspendue à la Cardan en son milieu ; à l'une de ses extrémités sont disposées quatre ailettes mises en mouvement par le courant et dont un compteur enregistre le nombre de tours ; à l'autre extrémité est une large girouette obligeant le système à se maintenir dans le sens du courant. L'appareil, suspendu à une ligne, est descendu à la profondeur voulue ; il est accompagné de deux fils de cuivre entourés d'une enveloppe isolante en gutta-percha qui le mettent en communication électrique avec le bord, de telle sorte qu'on est prévenu par une son-

---

[1] *Handbuch der nautischen Instrumente*, p. 58, ff.

nerie de l'instant où les ailettes ont fait, par exemple, 100 tours. Il suffit donc de compter l'intervalle de temps qui s'écoule entre deux sonneries. Il est évidemment possible d'évaluer la vitesse du courant en fonction des dimensions des ailettes et des autres constantes de l'instrument ; cependant, le plus simple et le plus sûr consiste à graduer empiriquement le tourniquet qui offre cet avantage de fonctionner indéfiniment, de sorte qu'après une mesure faite à une certaine profondeur on peut, sans qu'il soit nécessaire de le remonter, le placer en un ou plusieurs autres points de la verticale et mesurer successivement plusieurs vitesses à des profondeurs diverses.

On mesure encore la vitesse des courants, à bord d'un bâtiment ou d'une embarcation mouillés, à l'aide de divers lochs mécaniques, lochs de Walker, de Massey ou de Haecke. Tous ces instruments consistent en un système tournant, hélice ou autre, en communication avec un enregistreur permettant de connaître le nombre des tours exécutés pendant un intervalle de temps connu. Chacun d'eux a sa constante qu'on détermine par des expériences préalables. C'est ainsi qu'on les graduera, par exemple, en les laissant à la traîne et en déterminant le temps que le bâtiment mettra à parcourir un espace repéré le long d'une côte. Il est à remarquer que ces constantes ne sont pas toujours les mêmes lorsque les vitesses changent.

Considérations générales. — La description des appareils précédents montre que toutes les méthodes de déterminations de courants présentent des inconvénients. Les flotteurs naturels et artificiels immergés dans la nappe d'eau tout à fait voisine de la surface obéissent plutôt au courant de l'air, c'est-à-dire au vent, qu'au courant de la mer, et, comme ils ne se découvrent guère que sur une côte et qu'au moment où on les relève, on ignore le plus souvent depuis combien de temps ils sont échoués, ils donnent toujours une vitesse moyenne trop faible par jour de voyage. La différence entre le point calculé et le point estimé, appliquée à la détermination de la vitesse et de la direction d'un courant, n'est qu'une totalisation d'erreurs ; les autres appareils plus ou moins faciles à manœuvrer supposent la fixité du navire ou de l'embarcation portant l'observateur. Or malgré les importants résultats du lieutenant J. E. Pillsbury pour les mouillages par grandes profondeurs, le mou du câble ou du fil d'acier permet au navire de dériver quelque peu sous l'action du vent et du courant de surface. Pour toutes ces causes et en attendant qu'on ait découvert un instrument indépendant ou n'exigeant pas l'immobilisation de l'observateur, le flotteur de Mitchell semble préférable. Il permet d'opérer en un temps très court, à bord d'une embarcation facile à immobiliser et, une fois le courant de surface mesuré, il n'exige plus aucune fixité pour les courants profonds. Quant aux appareils abandonnés et remontant subitement, on n'est jamais sûr que le délestage ait eu lieu à la profondeur voulue et lorsqu'un tel flotteur remonte, il est très difficile de l'apercevoir sur la vaste étendue des flots et par conséquent de noter le moment exact de son arrivée à la surface.

2. Étude des courants.

Calculs de Zöppritz. — On avait depuis longtemps reconnu le vent comme la cause principale des courants ; Franklin, Rennell, John Herschell, Croll et d'autres encore l'avaient admis ; Zöppritz[1] a appliqué le calcul à cette action de l'air en mouvement sur un liquide.

Supposons le vent soufflant horizontalement et d'une manière continue au-dessus d'une nappe d'eau en repos et illimitée ; il entraînera par adhérence les molécules liquides et l'effet ne se bornera pas à la surface. Le mouvement se propagera successivement de haut en bas, les couches inférieures se mettront en marche les unes après les autres, de telle sorte qu'à un moment quelconque la vitesse sera décroissante de haut en bas et, à la surface, l'état stationnaire ne sera établi, au bout d'un temps indéfiniment long, que lorsque la vitesse de la couche superficielle sera précisément égale à celle de l'air.

Si la profondeur est finie, la couche d'eau en contact avec le sol possède une vitesse nulle ; en remontant de bas en haut, la vitesse croît jusqu'à la surface où elle est maximum sans pourtant devenir jamais égale à celle du vent par suite du frottement exercé par les couches d'eau sous-jacentes. Lorsque l'état stationnaire est établi, en

---

[1] Zöppritz. *Zur Theorie der Meeresströmungen*, Wiedemanns Annalen der Phys. III, 1878, 582, f. und Ann. der Hydrographie, 1878, 239.

représentant par v_0 la vitesse à la surface, p la profondeur jusqu'au sol, v_x la vitesse à la distance x de la surface, on a :

$$v_x = v_0 \frac{p - x}{p}.$$

La différence entre la vitesse v_0 et celle du vent excitateur dépend du frottement intérieur du liquide et est en général très faible.

D'après une formule de Hoffman adoptée par Zöppritz, en prenant pour coefficient de frottement de l'eau de mer la valeur 0,0144 calculée avec la seconde et le centimètre pour unités, la vitesse $\frac{1}{n} v_0$ comprise entre zéro et v_0 pénètre à la profondeur x au bout d'un nombre de secondes t donné par la relation

$$\sqrt{t} = 1736\, x \frac{v_0}{n} ,$$

ou

$$\frac{1}{n} v_0 = \frac{\sqrt{t}}{1736\, x}.$$

Ainsi la vitesse à 1 mètre de profondeur est :

Après 24 heures........ .... 0.17 v_0
—   3 jours.. .... 0.24 v_0
—   5 —   .... 0.38 v_0
—   10 —   .... 0.53 v_0
—   30 —   .... 0.93 v_0

La vitesse v_0 de la surface met donc plus d'un mois à être communiquée à l'eau située à 1 m au-dessous. Inversement, dans les mêmes conditions, $\frac{1}{10} v_0$ exige 0,41 année, presque 5 mois, pour atteindre 10 m de profondeur; pour $\frac{1}{2} v_0$ à 10 m, il faut 2,39 ans ou 29 mois et $\frac{1}{10} v_0$ n'atteindra 100 m qu'au bout de 239 ans.

On a encore établi par le calcul que, dans une nappe d'eau de surface illimitée et épaisse de 4 000 m reposant sur le sol, l'état stationnaire n'aurait lieu que 200 000 ans environ après que l'eau de la surface primitivement en repos aurait pris une vitesse uniforme. En

100 000 ans, l'état stationnaire ne serait pas encore atteint à 2 000 m où, au bout de 10 000 ans, on n'aurait encore que $0,037\, v_0$.

Zöppritz a examiné aussi le cas où une masse d'eau limitée latéralement est mise en mouvement depuis la surface par un vent soufflant d'une manière constante et continue parallèlement à la rive, c'est-à-dire en d'autres termes, où le bassin étant en forme de canal et infiniment long, le vent souffle dans la direction même de ce canal. Il a reconnu que si deux courants sont parallèles, mais de directions diamétralement opposées dans un même plan, ils sont séparés par une nappe de vitesse nulle qui se comporte comme un véritable rivage. Deux courants parallèles opposés et superposés donnent lieu au même phénomène.

Tous ces chiffres et ces formules démontrent mathématiquement que l'action superficielle du vent pour produire les courants marins ne se fait sentir dans les profondeurs qu'au bout d'un temps extraordinairement long même avec la condition aussi extra-naturelle et extra-favorable d'un courant d'air conservant sa direction et son intensité invariables pendant 100 000 années. Dans l'état actuel de nos connaissances, parler de milliers d'années équivaut à une affirmation sans grande sanction pratique. Un phénomène naturel tel qu'un courant n'est que la résultante variable de plusieurs phénomènes agissant alternativement ou simultanément les uns dans un sens, les autres dans un autre et variables eux-mêmes. Les mathématiques ne laissent pas de présenter quelque danger quand on les applique dans toute leur absolue rigueur aux choses de la nature; la pratique seule permet de fixer la limite au delà de laquelle commence la spéculation pure et notre connaissance des courants de même que la précision des instruments de mesure laissent encore beaucoup à désirer. Il convient maintenant de perfectionner les instruments, de mesurer beaucoup de courants aux mêmes points, à des époques différentes et de dresser des cartes dont la comparaison parlera aux yeux et contribuera plus que toutes les théories à faire avancer la science.

Courants de poids spécifique et de marées. — Les courants sont encore provoqués par d'autres causes que les vents et ils résultent aussi de la différence de poids spécifique dans les différentes parties de la masse liquide ainsi que de l'effet des marées.

Certains auteurs mentionnent encore la différence de température, mais cette cause ne saurait être prise en considération pas plus que la différence de salinité puisqu'elles n'agissent qu'en produisant une différence de densité, seule cause efficiente du mouvement des eaux.

Lorsque deux colonnes liquides de densité différente communiquent entre elles, leurs hauteurs respectives sont en raison inverse des densités. La surface des eaux océaniques n'est donc pas de niveau puisque, dans les portions superficielles centrales, la densité est toujours plus forte que sur les côtes où affluent les eaux douces des fleuves. D'autres causes encore augmentent cette différence, le régime des pluies et l'action de la chaleur solaire qui donne lieu à deux effets opposés, car d'une part, tandis que l'élévation de la température des eaux de mer tend à les dilater, c'est-à-dire à les rendre plus légères, d'autre part, elle produit une évaporation qui les rend plus lourdes et oblige la nappe superficielle à s'enfoncer dans les profondeurs et à être remplacée à sa surface par des eaux moins concentrées. Il ne faudrait pas toutefois s'exagérer la valeur de la somme de ces deux effets. L'eau évaporée est généralement aussi la plus échauffée, ce qui la fait en même temps plus lourde et plus légère, de sorte qu'en admettant que l'effet de l'évaporation l'emporte finalement sur celui de la dilatation, ce qui n'est pas prouvé, l'eau descendante trouve immédiatement au-dessous d'elle des couches froides au sein desquelles le léger excès de température ne tarde pas à s'évanouir. Il semble qu'on ait accordé une très grosse importance aux résultats de l'évaporation, et comme d'ailleurs on connaît avec fort peu de précision la mesure de cette évaporation, il serait à désirer, avant de se montrer très affirmatif, que des essais sérieux et précis fussent exécutés.

Mais si, dans ces circonstances, il existe théoriquement une surface d'équilibre différente de la surface de niveau, cet équilibre est instable par suite de la continuation des phénomènes auxquels il doit son origine, apport d'eau douce et évaporation, et par conséquent il se manifeste un courant des parties hautes, voisines des rivages, vers les parties basses centrales.

Il semble qu'une notion exacte de l'économie des courants marins et de l'importance relative si variable pendant une année de leurs diverses causes ne pourra être obtenue que lorsque, par observations directes, on aura dressé pour un même océan, une série de cartes mensuelles montrant graphiquement la direction et la force des courants, la direction et la force des vents, la distribution de la densité, l'abondance des pluies, le volume d'eau douce déversé par chaque fleuve, enfin l'état hygrométrique de l'air. Il suffira alors d'une simple comparaison pour être renseigné avec la brutalité et la netteté qu'apportent des faits matériels indépendants de toute théorie.

A défaut de mesures directes encore bien rares et assez peu exactes, les mesures aréométriques et thermométriques ont fait reconnaître plusieurs de ces courants sous-marins traversant des détroits reliant deux espaces de mer où, par des raisons météorologiques, les conditions de température et d'évaporation et par conséquent de densité sont différentes. Ainsi à travers le détroit de Gibraltar, un courant inférieur emporte vers l'Océan les eaux alourdies de la Méditerranée tandis qu'un courant superficiel de l'Océan à la Méditerranée rétablit l'équilibre. Il en est de même dans le Bosphore entre la mer de Marmara, plus lourde que la mer Noire, et dans le Sund, entre la Baltique plus légère que la mer du Nord. Cependant tous les détroits ne présentent pas ce phénomène. M. Renaud[1] a constaté par l'aréomètre que les eaux oscillaient en masse, à chaque marée, de part et d'autre du Pas de Calais, entre la Manche et la mer du Nord dont la différence de densité est extrêmement faible.

En résumé, il n'y a pas lieu de douter de l'influence exercée par la différence de poids spécifique pour produire des courants superficiels ou profonds, mais il faudrait une étude plus précise et plus complète pour être en mesure d'évaluer la valeur réelle de cette action dans la plupart des océans où l'intensité du phénomène étant fonction immédiate du climat, doit être assez variable.

M. Mohn[2] a établi par les mathématiques l'existence d'une surface d'égale densité, concave, des rivages au centre des océans et d'une surface d'égale pression à forme convexe, produite par le courant

[1] Renaud, ingénieur hydrographe de la marine : *Rapport sur la reconnaissance hydrographique et géologique du Pas de Calais, faite en juillet et août 1890, en vue du projet d'établissement d'un pont sur la Manche*, p. 25.

[2] Mohn. *The North Ocean, its depths, temperature and circulation*. The Norw. North-Atlant. Exped. 1876-1878, t. XVIII, p. 155. Voy. Thoulet, *Océanographie (statique)*. p. 366.

provenant de la courbure de la surface d'égale densité dont tous les points, en conséquence du mouvement de l'eau, supportent une égale pression; enfin d'une surface limite, située de niveau, entre le fond et la surface.

Il résulte de ces faits qu'un système de courants doit prendre naissance superficiellement des rivages vers les portions centrales où il s'enfonce verticalement dans les profondeurs; il remonte ensuite du fond jusque sur les bords où le cycle se ferme. Ces courants ont lieu en direction inverse de part et d'autre de la surface limite fixée par M. Mohn à la profondeur de 300 brasses dans l'océan du Nord. La portion sous-marine est animée d'une vitesse extrême ment faible si même elle existe autrement qu'en théorie, car la marche des molécules liquides y est retardée par la déflexion causée par le mouvement de rotation terrestre, par la force centrifuge agissant en sens opposé et surtout par le frottement des molécules d'eau les unes contre les autres et contre le fond.

M. Mohn[1] appelle surface de courant une surface telle que son ordonnée verticale depuis la surface de niveau est égale à la somme des ordonnées relatives à la surface de vent et à la surface de densité.

L'éminent météorologiste a tracé cette surface de courant pour l'océan du Nord; comparée à la surface de niveau, elle est creuse; son point le plus bas est entre Jan Mayen et la Norvège, par lat. 68° 5′ N et long 1° W (Greenw.); elle s'élève alors de tous les côtés, acquiert sa hauteur maximum sur la côte ouest de Norvège et dans le Skagerrack où elle est à 1,4 m. Au Groënland, elle atteint 1,4 m; au Spitzberg 1 m; à la Nlle-Zemble 1,2 m; sur la côte de Finmark 0,9 m; sur la côte d'Écosse 1,0 à 1,1 m; sur la côte nord d'Islande 0,6 m; à Jan Mayen 0,6 m, et à Beeren-Eiland 0,3 m.

Les marées donnent aussi naissance à des courants alternatifs qui dans les espaces resserrés comme les détroits créent un tourbillon dans lequel l'eau est animée d'un mouvement giratoire s'effectuant tantôt dans un sens et tantôt dans le sens opposé. Le Maelstrom aux îles Lofoten, sur la côte de Norvège, Charybde et Scylla dans le détroit de Messine, sont des exemples bien connus. Nous en parlerons plus en détail.

[1] Mohn, *loc. cit.*, p. 165.

Influence des rivages sur les courants. — Lorsqu'un courant vient frapper un rivage, il est forcé de se détourner et de se partager le plus souvent en plusieurs branches suivant des lois que les mathématiciens ont cherché à établir dans les cas simples et qu'il est bien plus aisé d'étudier par voie expérimentale.

Si par exemple un courant de largeur donnée et de vitesse constante heurte perpendiculairement (*fig.* 54) une côte rectiligne, il se partage[1] en deux moitiés dont la largeur respective est la moitié de la largeur du courant primitif, de position symétrique et dont chacune suit la côte dans une direction opposée.

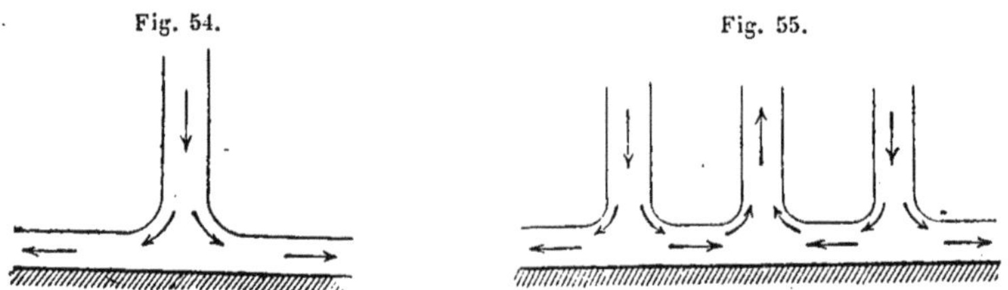

Fig. 54.   Fig. 55.

Deux courants qui arrivent parallèlement entre eux (*fig.* 55) et perpendiculairement sur une côte droite donnent naissance à un double système de deux courants divergents longeant le rivage et à un courant de réaction s'éloignant de la côte dans une direction perpendiculaire, vers la haute mer.

On trouve de même une relation entre deux courants égaux et opposés se choquant mutuellement et l'on a aussi examiné le cas d'un courant rencontrant un rivage sous un angle aigu. Les formules souvent différentes d'ailleurs pour le même phénomène chez les divers auteurs, se compliquent beaucoup, et comme pour les obtenir on a dû se placer dans des conditions idéales de simplicité et de régularité[2] qui n'existent jamais en réalité, il en résulte que ces formules si péniblement établies ne sont d'aucune utilité pratique.

Un procédé expérimental synthétique s'appliquant beaucoup mieux à l'étude des courants naturels consiste à reproduire artificiellement les phénomènes dans une petite auge rectangulaire en verre à laquelle Krümmel[3] conseille de donner 30 cm de largeur sur 60 cm de longueur et 6 cm de hauteur. On la remplit d'eau et au moyen

---

[1] Kirchhoff-Zöppritz, Wiedemanns Annalen VI, 599, f.: Ann. d. Hydrog., 1879, 155. f.
[2] P. Hoffmann. *Mechanik der Meeresströmungen.*
[3] Krümmel. *Handbuch der Ozeanographie*, II, 354.

d'un appareil soufflant quelconque envoyant un souffle régulier et continu, on produit un ou plusieurs courants d'air dont on modifie à volonté le nombre, la direction et l'intensité. On créera même des courants d'air divergents d'un même point en recouvrant l'extrémité de l'ajutage en verre d'un tube en caoutchouc bouché à son extrémité et percé latéralement de trous disposés convenablement. Afin de suivre de l'œil les courants du liquide, ou saupoudre l'eau de sciure de bois ou de liège râpé lorsqu'il s'agit de la surface, ou, pour les courants intérieurs, on dépose au fond de l'auge, aux endroits convenables, de petits fragments de pains de couleur à l'aquarelle qui se dissolvent lentement et dont on voit alors la trace dans l'eau qui entraîne la matière colorante.

On peut aussi modifier à volonté la forme des parois de l'auge et leur donner le contour d'un golfe, d'un cap ou d'un continent. Pour cela on installe verticalement dans cette auge une ou plusieurs lames de plomb, minces, s'élevant jusqu'au-dessus de la surface de l'eau et qu'il est facile de courber avec les doigts. On envoie le jet d'air par dessus et dans une direction convenable et l'on observe la marche que suivent alors les grains de liège entraînés.

Courants de compensation. — Lorsque sous l'influence du vent les molécules liquides sont chassées de la place qu'elles occupaient et créent un courant, il faut de toute nécessité, pour rétablir l'équilibre, que de nouvelles molécules liquides arrivent remplacer les premières. Tel est le mode de formation des courants dits de compensation ou de réaction dont les directions sont extrêmement variées par rapport aux courants directs, d'autant plus qu'elles sont encore modifiées à l'infini par la rencontre de la terre.

Il existe même, au centre des circuits fermés constitués par les courants directs et de réaction, des espaces où la vitesse est nulle comme on en connaît au S.-W. des Açores où ils forment la mer des Sargasses, dans l'Atlantique sud, dans le Pacifique nord et sud et dans l'océan Indien.

Ces courants se produisent à la surface et, pourvu qu'elle ne soit pas très considérable, dans la profondeur dont ils ramènent l'eau de bas en haut jusqu'à la surface. Le phénomène est relativement commun au-dessus des hauts-fonds. Ekman[1] en a trouvé à l'embouchure

---

[1] Ekmans. Nova Acta Reg. Soc. Upsal. Ser. III, 1876.

des fleuves suédois dans la Baltique et il a suivi leurs traces par des séries de mesures aréométriques et thermométriques. Dans ce cas,

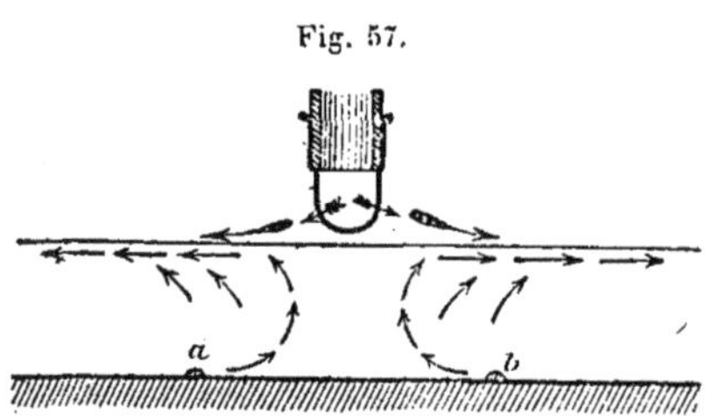

Fig. 56.

le phénomène était compliqué par la différence de densité entre l'eau douce du fleuve et l'eau salée. On les reproduit artificiellement dans l'auge en envoyant un courant d'air constant au-dessus d'un seuil artificiel formé par une lame de plomb (*fig.* 56), ou au moyen d'un courant d'air divergent (*fig.* 57). Humboldt[1] en a reconnu au-dessus de hauts-fonds dans la mer des Caraïbes, et Du Petit-Thouars pendant le voyage de la *Vénus*[2]. Il faut, pour leur donner naissance, un courant direct suffisamment violent pour faire monter l'eau du fond par une sorte d'aspiration et, en outre, que l'épaisseur de l'eau soit assez faible.

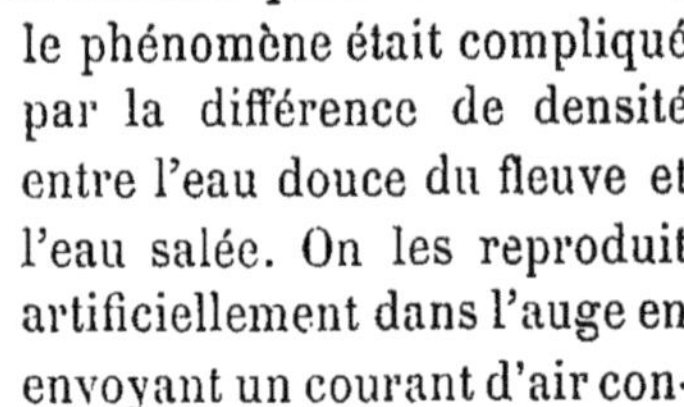

Fig. 57.

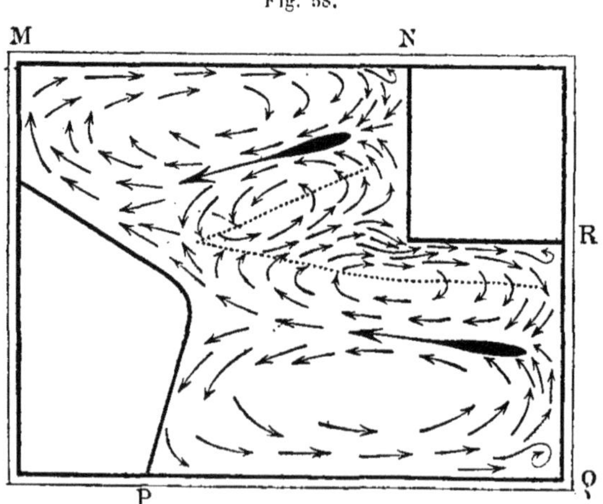

Fig. 58.

La fig. 58 montre la reproduction des courants de surface directs

---

[1] Humboldt. *Reise*, deutsch. vom Hauff. Tascheausgabe Bd. VI, 363.
[2] Du Petit-Thouars. Voyage de la *Vénus*, t. IX, Paris, 1844, pp. 363-367.

et de réaction qui règnent dans la portion équatoriale de l'Atlantique, entre l'Afrique et l'Amérique, sous l'impulsion des alizés de N.-E. et de S.-E. On remarque dans les coins rectangulaires ou aigus M, N, P, Q, R, l'existence de courants de compensation influencés par le voisinage de la côte et prenant une forme tourbillonnaire ou de contre-courants connus sur l'océan où les marins allemands les désignent sous le nom de *Neer*.

Déviation des courants par la rotation terrestre ; surface de vent. — Par suite du mouvement de rotation de la terre de l'ouest vers l'est, tout corps se mouvant à la surface du globe dans l'hémisphère nord est dévié vers sa droite tandis qu'un corps se mouvant dans l'hémisphère sud est dévié vers sa gauche.

La force de cette déviation a pour valeur

$$2\,\omega\,v\sin\beta,$$

où $\omega = 0,00007292 = 2\pi : 86164$ secondes, nombre de secondes dans un jour sidéral, est la vitesse angulaire de la terre, v la vitesse du mouvement en mètres par seconde et β la latitude.

Cette influence perturbatrice proportionnelle à v est importante pour le vent dont la vitesse est considérable ; on en tient un compte sérieux pour les cyclones ; elle est presque nulle pour les courants marins à cause de leur lenteur.

On démontre, en effet, qu'un corps se mouvant à la surface de la terre avec la vitesse v décrit une courbe d'inertie très voisine d'un cercle et dont le rayon de courbure r est donné par la formule

$$r = \frac{v}{2\,\omega\,\sin\beta}.$$

Ce rayon sera extrêmement grand pour les courants marins dont la vitesse, par seconde, est de

2 à 2,5 m pour la portion la plus rapide du Gulf Stream ;
0.5   pour les courants équatoriaux ;
0.2 -   soit 10 milles par jour pour la plupart des courants.

v restant constante, Hoffmann exprime la relation existant entre

la longueur d de la déviation et le chemin parcouru b, par la formule

$$d = \frac{b^2}{v}\, \omega \sin \beta.$$

En prenant pour type la vitesse de 0,5 m par seconde et pour longueur du chemin parcouru $d = 1$ mille $= 1852$ m, la déviation
sera

Sur 5° de latitude	....	$= 43,6$ m
15° —	....	$= 129,5$
30° —	....	$= 250,0$
50° —	....	$= 383,0$
70° —	....	$= 470,0$

Il faut, en outre, tenir compte de ce que la formule s'applique à
un mobile marchant avec une vitesse continue à la surface de la
terre et sans être gêné, ce qui n'est pas le cas pour les molécules
d'eau d'un courant retardées par leur contact et leur frottement
mutuels. Cependant, d'une façon générale, on peut dire que dans
l'hémisphère nord, un courant marchant du sud au nord est dévié
vers l'est et un courant marchant du nord au sud est dévié vers
l'ouest.

L'influence de la rotation terrestre se fait sentir, par contre-coup,
sur les courants en modifiant la forme de la surface de niveau de
la mer.

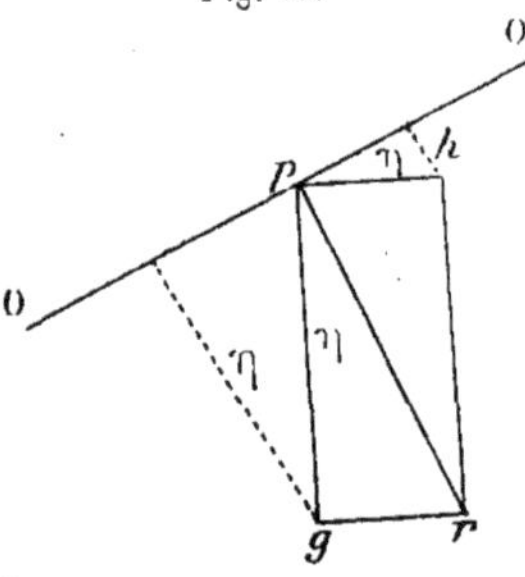

Fig. 59.

On sait que la surface de niveau est
celle perpendiculaire à la direction du fil
à plomb. Or, dans l'hémisphère nord,
une molécule p soumise (*fig.* 59) à l'action de la pesanteur pg, sera déviée vers
sa droite, de ph, par la rotation terrestre
et suivra par conséquent la résultante pr
à laquelle la surface actuelle des eaux
OpO sera perpendiculaire. Cette surface
faisant ainsi un angle η avec la surface de niveau ph, ne sera pas
elle-même de niveau.

En appelant ω la vitesse angulaire terrestre calculée comme précédemment et β la latitude, on a

$$2\omega v \sin \beta \cos \eta = 2g \sin \eta$$

ou

$$\operatorname{tg} \eta = \frac{\omega \sin \beta}{g}\, v,$$

g variant avec la latitude β selon la formule

$$g = g_{45} \,(1 - \alpha \cos 2\beta),$$

dans laquelle

$$g_{45} = 9.806165$$

et

$$\alpha = 0.00259.$$

L'angle η est très petit. Avec une vitesse de courant égale à 4 milles par 24 heures, ou 0,09 m par seconde, il ne s'élève qu'à 1/4 de seconde et sa plus haute valeur, calculée par Mohn [1] pour l'océan du Nord, ne dépasse pas 5/4 de seconde.

La surface gondolée ainsi obtenue est nommée par Mohn *surface de vent*. Pour la construire, il part d'un point sans courant considéré comme le plus bas de la surface de vent et il trace de là une ligne se dirigeant vers la côte et coupant perpendiculairement les courants. En des points de cette ligne situés à une distance a les uns des autres, il calcule la pente η d'après la formule précédente et l'élévation de niveau h qui en résulte par la formule

$$h = a \operatorname{tg} \eta.$$

Pour l'intérieur du bassin entre le point le plus bas et le premier point de la ligne aboutissant à la côte, il emploie la formule parabolique

$$h = \frac{1}{2}\, a \operatorname{tg} \eta,$$

où η représente l'inclinaison avec la surface du niveau en ce premier point. Par les points d'égale hauteur d'une série de ces profils, il fait passer des courbes d'égale hauteur qu'il compare justement aux isobares des météorologistes. Il a représenté ainsi la surface ondulée de l'océan du Nord qu'il a spécialement étudié et dont le point

[1] Mohn. *The North Ocean, its depths, temperature and circulation.* — The Norwegian North-Atlantic Expedition, 1876-1878, t. XVIII, p. 123.

le plus bas est à 0,8 m au-dessous de la côte d'Europe, 0,9 m au-dessous de la côte du Groënland, 0,5 m au-dessous de la côte du Spitzberg et 0,3 m au-dessous de la côte d'Islande.

La circulation verticale océanique. — On admet en général que, dans l'Océan, il se fait une circulation dite verticale, entraînant à la surface la masse totale des eaux chaudes de l'équateur aux pôles. Ces eaux, refroidies par leur passage sous des latitudes de plus en plus froides, et plus tard par leur contact avec les glaces polaires, deviennent plus lourdes, descendent au fond, rampent du nord au sud dans l'hémisphère nord et du sud au nord dans l'hémisphère sud, le long du sol sous-marin, parviennent à l'équateur où les deux colonnes, arrivant l'une du pôle arctique et l'autre du pôle antarctique, se heurtent mutuellement. Pour continuer le cycle, elles sont alors forcées de remonter verticalement jusqu'à la surface et d'y recommencer un nouveau voyage de l'équateur vers les pôles.

Cette théorie, soutenue [1] par Arago, Lenz, Buys-Ballot et par la plupart des océanographes, a été niée par quelques autres, parmi lesquels John Herschell et James Croll. On l'appuie sur les motifs suivants :

1. Les températures de fond les plus basses ont été constatées là où les grands océans ont la communication la plus large et la plus profonde avec les bassins polaires.

2. L'uniformité de composition chimique de toutes les eaux de mer et la constance des proportions relatives des gaz contenus, quelle que soit la profondeur où on les recueille.

Les adversaires de la théorie [2], partisans du repos des eaux profondes, répondent par les raisons suivantes :

1. Les températures du fond les plus basses ont été constatées soit dans les régions polaires par de faibles profondeurs, ce qui n'a rien d'étonnant à cause du climat, soit dans les profondeurs les plus considérables, comme près des côtes du Pérou et du Chili, au large de l'embouchure de la Plata, dans l'Atlantique, et à l'est des Kouriles, dans le Pacifique, dans des aires fermées et sans communication avec les régions polaires.

[1] Voy. O. Krümmel. *Handbuch der Ozeanographie*, II, 284 et pass.
[2] Voy. J. Thoulet. *Les Eaux abyssales*, Revue générale des sciences pures et appliquées, I, p. 500, 1890.

2. L'uniformité de composition chimique des eaux de la mer n'existe pas, ainsi qu'il a été prouvé par M. Dittmar[1] et par M. L. Schmelck[2]. M. Thoulet[3] a démontré expérimentalement que, dans le repos le plus complet, le simple contact avec l'atmosphère suffisait pour diffuser les gaz dans toute la masse océanique, et l'expérience a été répétée sous une autre forme par le Dr P. Regnard[4].

3. Le mouvement continu de reptation horizontale le long des pentes et contre-pentes du lit marin accompli par la masse des eaux ne peut se comprendre sur un sol coupé de dépressions diversement orientées et de vastes cuvettes comme le fond de l'Océan. Personne ne peut mettre en doute la stagnation des eaux profondes de la Méditerranée qui, elle aussi, est une immense cuvette séparée par un seuil de l'océan voisin. Cette stagnation est d'ailleurs matériellement prouvée par toutes les mesures de température. La Méditerranée elle-même présente quatre cuvettes bien séparées. Ce qui est vrai pour cette mer l'est évidemment pour l'Océan tout entier.

4. Lorsqu'on fait subir aux densités des eaux profondes, prises à la température *in situ*, la correction de la compressibilité, fonction de la profondeur, on constate que de la surface jusqu'au fond, les densités croissent régulièrement, de sorte que les eaux océaniques sont disposées en nappes successives horizontales superposées par ordre de densités absolument comme dans un flacon rempli de mercure, d'eau et d'huile. Elles occupent donc la position de stabilité maximum[5].

5. Les phénomènes de la circulation océanique verticale n'ont jamais pu être reproduits synthétiquement lorsqu'on a placé l'expérience dans des conditions analogues aux conditions naturelles.

6. Aucune mesure thermométrique ou autre ne prouve à l'équateur la présence d'eaux froides s'élevant verticalement des profon-

[1] W. Dittmar F. R. S. *Report on rescarches nıto the composition of Ocean water collected by H. M. S. Challenger during the years 1873-1876*. Reports on the scientific results.... Physics and Chemistry, vol. I, p. 199-225.

[2] L. Schmelck. *Chemistry; on the solid matter in sea-water*, The Norw. North-Atlant. Exped. IX.

[3] J. Thoulet. *Sur la circulation verticale profonde océanique*, Comptes rendus de l'Académie des sciences, 23 juin 1890, t. CX, p. 1350.

[4] P. Regnard. *Recherches expérimentales sur les conditions physiques de la vie dans les eaux*, p. 349.

[5] J. Thoulet. *Océanographie (statique)*, p. 352.

deurs à l'encontre des principes les plus élémentaires de la physique et de la mécanique.

Jusqu'au moment où l'expérience directe aura démontré qu'il en est autrement, il n'y a donc pas lieu de croire à l'existence de la circulation océanique dite verticale. Entre la surface et une certaine limite dont la profondeur, variable en chaque localité, dépend du climat, de la configuration géographique, du modelé du fond et d'une foule d'autres variables, s'étend une zone au sein de laquelle s'accomplissent tous les phénomènes d'équilibre des eaux par des courants de tous sens, superficiels et profonds, qui y forment leur cycle. Au-dessous de cette surface dont la profondeur, en chaque lieu, ne sera connue que par des mesures directes, thermométriques et aréométriques, se trouve une zone d'eau calme et immobile. La basse température régnante a peut-être une origine géologique, peut-être date-t-elle de l'époque glaciaire et les eaux elles-mêmes sont-elles en quelque sorte fossiles. Quelle que soit l'explication qu'on veuille choisir, elle ne touche en rien au fait lui-même qui est en dehors de toute discussion. Les eaux abyssales ne sont pas impropres à la vie : elles sont continuellement traversées de haut en bas, par une pluie de fins corpuscules descendant de la surface, poussières volcaniques ou dépouilles de foraminifères qui y apporteraient de l'air si celui-ci ne s'y trouvait déjà présent par simple diffusion gazeuse et qui vont s'entasser sur le fond pour contribuer à la formation de couches rocheuses.

Circulation chimique verticale. — M. Thoulet[1] a cru reconnaître l'existence d'une circulation verticale au sein de l'Océan ; mais celle-ci est de nature chimique et ne serait comparable que de très loin à une véritable circulation dynamique, se traduisant par un transport en masse de molécules d'eau de mer.

Les preuves de cette circulation, en outre des faits qui ont servi à réfuter l'hypothèse d'une circulation dynamique verticale profonde, sont les suivantes.

La comparaison des surfaces isothermes au sein des océans montre des anomalies tendant à faire supposer que les eaux du fond n'ont

---

[1] J. Thoulet. *Le sol sous-marin et les eaux abyssales,* Revue générale des sciences pures et appliquées, II, 326, 1891.

point partout la même composition chimique. Cette supposition est appuyée par les analyses de MM. Dittmar et Buchanan [1] qui ont trouvé que certains échantillons d'eaux recueillis à de grandes profondeurs par le *Challenger* présentaient une réaction acide au lieu de la réaction alcaline manifestée dans l'immense majorité des cas.

Les particules solides [2] quelle que soit d'ailleurs leur ténuité, tombent très rapidement à travers les eaux salées, même lorsque celles-ci sont étendues de dix fois leur volume d'eau douce.

Un minéral ne se dissout pas sensiblement plus dans l'eau en mouvement que dans l'eau immobile [3]. Dans l'eau de mer, cette solubilité existe mais elle est extrêmement faible [4].

La diffusion entre l'eau douce et l'eau de mer et entre des eaux de mer de densités différentes, s'opère avec une lenteur considérable [5].

Soit que l'on adopte la théorie de Mohr [6], celle de MM. Murray et Irvine [7] ou celle de M. Ochsenius [8] sur la genèse des dépôts calcaires, ceux-ci se forment par voie chimique et comme les êtres vivants, l'un des éléments du cycle, vivent principalement au fond, les réactions doivent s'effectuer au contact même de ce fond.

La *Pola* [9] a reconnu dans la mer Adriatique qu'il existe en des localités diverses de notables différences dans la richesse des eaux de surface en matière organique facilement oxydable. D'une façon générale, la quantité de matière organique diminue avec la profondeur, mais l'eau immédiatement en contact avec le sol sous-marin en renferme une proportion considérable. Les variations en ammoniaque sont très faibles, même aux plus grandes profondeurs; néanmoins, tout contre le fond, la quantité en augmente et l'on peut en

[1] J. Thoulet. *Océanographie (statique)*, 245.

[2] J. Thoulet. *Expériences sur la sédimentation*, Comptes rendus de l'Académie des sciences, CXI, 619, 1890, et Annales des Mines, 1891.

[3] J. Thoulet. *De l'action de l'eau en mouvement sur quelques minéraux*, Comptes rendus de l'Académie des sciences, CXII, 502, 1891, et Annales des Mines, 1891.

[4] J. Thoulet. *Solubilité de divers minéraux dans l'eau de mer*, Comptes rendus de l'Académie des sciences, CVIII, 753, 1889 et CX, 652, 1890.

[5] J. Thoulet. *Sur la diffusion de l'eau douce dans l'eau de mer*, Comptes rendus de l'Académie des sciences, CXII, 1068, 1891.

[6] Mohr. *Geschichte der Erde*, 2e édit. 286 ff.

[7] John Murray and Robert Irvine. *On coral Reefs and other carbonate of lime formations in modern seas*, Proc. Roy. Soc. of Edinburgh, dec. 1889.

[8] Ochsenius, Biederm. centr. *in* cosmos, 1890, p. 391.

[9] J. Thoulet. *La campagne océanographique de la « Pola »*, Revue scientifique, XL, 658, 1890.

dire autant de l'azote organiquement combiné, quoiqu'on ait cru observer une légère diminution avec la profondeur et, dans certains cas, au contraire, une accumulation sur le fond encore plus considérable que celle de l'ammoniaque.

Si sur le tableau des densités d'eaux profondes et superficielles récoltées par M. Buchanan pendant l'expédition du *Challenger*, on considère pour chaque échantillon la densité absolue $S_i^{15,56}$ c'est-à-dire celle prise par rapport à l'eau distillée à $+ 4^o$ C et ramenée à une température constante, d'ailleurs quelconque et choisie égale à $15^o,56$ par les savants anglais, cette valeur est la fonction unique et immédiate de la quantité de sel ou de la composition chimique de l'eau de mer, par litre, indépendamment de la température et de la profondeur, puisque aucune *correction de compressibilité* n'a été faite. La densité absolue, proportionnelle à la salinité de l'échantillon, peut donc servir de mesure à celle-ci.

Fig. 60.

Atlantique Nord.

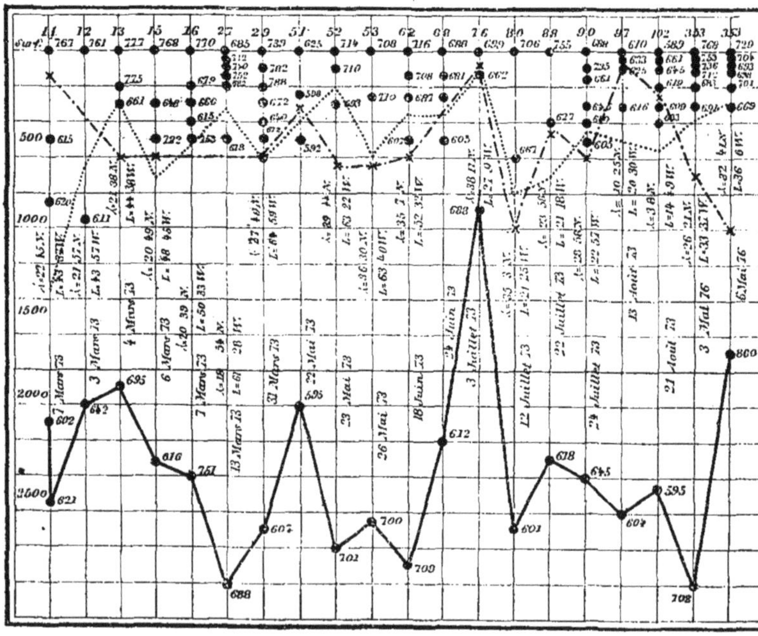

Si on trace le schéma (*fig.* 60) des 685 observations de densités absolues prises par M. Buchanan sur toute la surface du globe, en plaçant chacune d'elles dans sa position géographique, à l'échelle des profondeurs où les échantillons d'eau ont été recueillis, on y observe immédiatement plusieurs faits.

Les densités absolues à partir du fond, décroissent jusqu'à une certaine hauteur et croissent ensuite. On constate ainsi l'existence de deux zones, l'une inférieure, épaisse, à stratification directe, l'autre supérieure, mince, à stratification variée. Dans cette dernière se manifestent ordinairement plusieurs alternances à des intervalles d'autant plus petits qu'on se rapproche davantage de la surface.

Sur une même verticale, la plus forte densité de la série se trouve à la surface de sorte que l'eau du fond est moins chargée de sels que celle de la surface.

Il semble exister, très près du fond, une couche mince moindre de 100 brasses où la variation de la densité absolue a lieu très rapidement et souvent même est intervertie.

Si on joint sur le schéma les points où, sur chaque verticale, l'ordre des densités absolues est interverti, c'est-à-dire ceux où en remontant du fond vers la surface, la densité absolue cesse de décroître pour augmenter ; si, de plus, on marque encore sur chaque verticale et à l'aide des courbes thermométriques relatives à chaque station, le point à partir duquel la température commence à décroître lentement, c'est-à-dire le sommet de la courbe grossièrement parabolique ou hyperbolique qui représente la distribution de la température, on obtient deux lignes brisées, sections de deux surfaces situées au sein des eaux océaniques et dont l'étude conduit aux conclusions suivantes.

1. Le niveau de la surface d'interversion des densités absolues change avec la localité et probablement avec la saison de l'année.

2. Le niveau moyen de la surface d'interversion est voisin de 500 brasses à partir de la surface dans l'Atlantique Nord et Sud, de 300 brasses dans le Pacifique Sud. Les variations de profondeur sont très grandes dans l'Atlantique Nord, moindres dans l'Atlantique Sud, faibles dans l'océan Indien Sud et le Pacifique Sud, extrèmement faibles dans le Pacifique Nord. Le niveau moyen d'interversion sert de limite supérieure à la zone des eaux tranquilles et de limite inférieure à la zone des eaux en mouvement.

3. Le niveau de la surface de variation thermométrique lente diffère

aussi avec la localité, et, pour une même localité avec la saison de l'année ; il est situé à la distance moyenne de 400 brasses de la surface, mais il subit de plus grands écarts de profondeur, surtout dans l'Atlantique Nord. Il est généralement plus rapproché de la surface que le niveau d'interversion de densité dans l'Atlantique Sud, plus bas dans le Pacifique Nord et Sud.

4. La courbe d'interversion de densité absolue et la courbe de variation thermométrique lente ne paraissent point avoir une relation nette avec la profondeur du fond.

5. Les deux courbes ne sont pas très éloignées l'une de l'autre, mais elles ne coïncident pas.

Les faits peuvent s'expliquer de la façon suivante :

La surface océanique soumise aux variations climatériques (marche du soleil, régime des pluies, vents, nébulosité, etc.) est le siège d'une évaporation et d'un échauffement plus ou moins intenses ; les variations qui en résultent dans la densité réelle et dans la composition chimique des eaux, ajoutées à l'action mécanique exercée par les vents, donnent lieu à des courants marins horizontaux, plus ou moins verticaux, se croisant entre eux ou se superposant avec des vitesses et des directions diverses. Leur ensemble constitue la circulation océanique, qui s'effectue tout entière dans une zone superficielle d'une épaisseur voisine de 500 brasses.

Faisant abstraction des phénomènes de remplissage du bassin océanique par des matériaux inorganiques tels que les poussières volcaniques et autres, par les dépouilles d'êtres vivant dans les couches liquides supérieures, par la marche progressive et continuelle des sédiments depuis les rivages jusqu'aux portions centrales des océans [1], sans parler enfin de la formation des dépôts par l'intervention de la vie (théories de Mohr, de Murray et Irvine et d'Ochsénius), en conséquence de l'évaporation de surface, les substances peu solubles contenues en solution dans les eaux marines et apportées à l'Océan par les eaux douces beaucoup plus dissolvantes, atteignent à une certaine profondeur leur limite de solubilité et se précipitent. Devenues solides, elles descendent verticalement, pénètrent dans la zone calme, franchissent rapidement et sans se

---

[1] J. Thoulet. *Étude expérimentale et considérations générales sur l'inclinaison des talus de matières meubles.* Comptes rendus de l'Académie des sciences, CIV, 1537 et Annales de chimie et de physique, 6ᵉ série, XII, 33-64, 1887.

dissoudre les couches intermédiaires tranquilles et parviennent sur le sol sous-marin. Entourées d'eaux immobiles, devenues maîtresses du temps, elles se redissolvent et augmentent la proportion de sels contenus dans la couche d'eau la plus profonde immédiatement en contact avec le sol. Alors intervient la diffusion qui avec une lenteur extrême augmente progressivement la salinité des eaux sus-jacentes et en même temps permet aux couches contiguës au sol de n'être point saturées et par conséquent de continuer à dissoudre les nouveaux matériaux qui leur arrivent sans cesse. Le sol sous-marin est donc une sorte de foyer d'activité chimique alimenté par des phénomènes de surface et rayonnant avec une grande lenteur vers la surface.

La véritable zone d'activité chimique serait immédiatement contiguë au fond et son épaisseur ne dépasserait pas une centaine de brasses.

Ces conclusions trouvent une confirmation dans les résultats de l'exploration du *Tchernomoretz* dans la mer Noire. La température de l'eau à 55 m est de 7°,22, puis elle augmente progressivement et atteint 9°,44 à 1830 m. A 137 m, l'eau contient des traces d'hydrogène sulfuré dont la proportion augmente rapidement et, à 286 m et au-dessous, rend la vie animale absolument impossible. On ne ramène de cette profondeur que les coquilles semi-fossiles de certains mollusques caractéristiques des eaux saumâtres des lagunes de la mer Noire et de la Caspienne et qui sont les restes de la faune qui habitait la mer Noire pendant le pliocène alors que le bassin de cette mer, séparée de la Méditerranée, ne contenait que des eaux faiblement salées. La décomposition de ces restes organiques s'accomplit très lentement à cause de l'immobilité des eaux au delà d'une certaine profondeur et donne naissance à de l'hydrogène sulfuré se diffusant lentement de bas en haut.

Distribution des courants à la surface du globe. — Les courants représentent la tendance de l'Océan vers un état d'équilibre que détruisent continuellement toutes les causes naturelles, en nombre infini, car il n'existe aucun phénomène quel qu'il soit, statique ou dynamique, qui n'ait son écho dans la circulation océanique. Il faut donc se contenter d'étudier les principales d'entre elles et surtout la plus importante parce qu'elle est la plus incessante, l'action du vent. Dans chaque cas particulier, lorsqu'il s'agira de comprendre les variations constatées d'un courant déterminé, on examinera ensuite séparément le rôle de chacune des conditions ambiantes depuis celles qui sont constantes, comme la configuration géographique ou la profondeur de la mer, jusqu'aux conditions régulièrement ou irrégulièrement variables touchant à la climatologie comme le vent, la pluie, les variations barométriques, la décharge des fleuves et on appréciera leur influence pour détruire l'équilibre de la masse liquide. Le courant représentera la somme ou la moyenne de toutes ces actions pendant la période de temps choisie, jour, mois, année ou siècle.

Une donnée bien importante encore est la connaissance du relief de densité obtenu par le tracé des dénivellations de l'Océan telles qu'elles résultent des densités *in situ* prises simultanément et représentées par courbes d'égal niveau [1] au-dessous du plan initial de niveau, de densité 1.0000. L'emploi d'aréomètres précis permettra de construire ces cartes dont le relief combiné à la direction du vent, aujourd'hui si bien étudiée, permettra de découvrir la véritable économie des courants.

Quoi qu'il en soit, il convient de prendre beaucoup de mesures directes, aux mêmes points, à des époques différentes et de construire graphiquement, sans idée préconçue la courbe de chaque sorte de variations afin de les comparer toutes entre elles.

Les courants marins, par suite de la dépendance où ils sont des circonstances météorologiques, sont essentiellement variables pendant une année et même, après cet intervalle de temps, ils ne reprennent pas plus identiquement leur état antérieur que les saisons ne se répètent en un même lieu absolument identiques d'une année à l'autre. Les cartes annuelles ou semi-annuelles de courants, comme d'ailleurs de tout autre phénomène météorologique, ne permettent que de simples aperçus; les premières expriment une moyenne trop générale pour servir à une étude détaillée, les secondes ne s'appliquent utilement qu'à une localité géographique limitée et pourvu que l'année y soit bien partagée en un semestre froid et un semestre chaud. Si elles représentent le vaste espace d'un océan, des cartes semestrielles ont un médiocre intérêt, car, à peu de chan-

---

[1] J. Thoulet. *Océanographie (statique)*, 348.

gements près, les conditions climatériques s'équilibrent alternativement pendant l'un et l'autre semestre; on arrivera encore à une
moyenne artificielle presque semblable sur les deux cartes, et les
différences dont l'ensemble constitue la loi du phénomène, au lieu
d'apparaître, s'atténuent toujours davantage. La seule unité à adop-
ter est le mois, peut-être la quinzaine quoiqu'une unité aussi petite
aurait facilement le défaut inverse et les lois risqueraient de dispa-
raître dissimulées sous des faits accidentels. Le mois a été choisi
comme unité de temps dans la belle publication des *Pilot-Charts* de
l'Atlantique Nord par le Bureau hydrographique de Washington.

La distribution générale des courants marins dans l'un quelconque
des grands océans du globe peut être
figurée schématiquement (*fig.* 61).
Chaque hémisphère contient deux
circuits complets, le premier entre
l'équateur et le 50ᵉ parallèle environ,
le second du 50ᵉ parallèle jusqu'à
l'extrême nord.

L'hémisphère sud présente une
circulation symétrique et, conformément aux lois connues du choc des
courants contre les obstacles, les
deux courants équatoriaux parallèles
et de même sens sont séparés par un
courant de sens inverse.

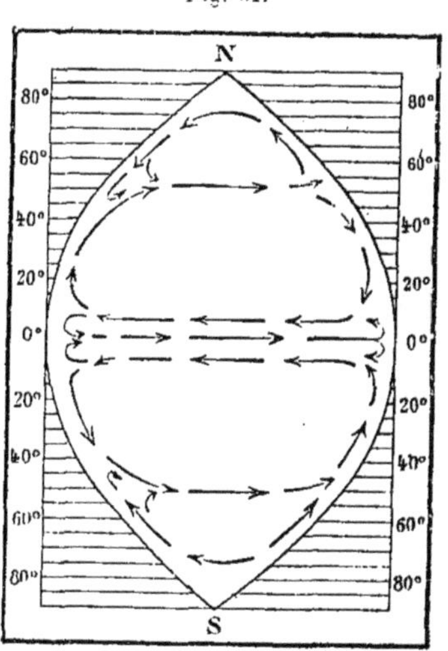

Les courants du globe sont plus chauds ou plus froids que les
eaux environnantes et cette différence de température plutôt que la
température même leur a fait donner le nom de courants chauds et
de courants froids. Elle résulte du trajet accompli par l'eau passant
de régions chaudes dans des régions froides ou inversement.

Chaque circuit a son centre occupé par une région de calme.

Les courants sont loin d'avoir des contours aussi nettement déli-
mités que le figurent les cartes toujours forcément plus ou moins
schématiques et qui d'ailleurs n'expriment que des moyennes. Leur
régularité est sans cesse troublée par une foule d'accidents locaux
tels que les vents, les vagues, la houle ou la pluie.

Comme nous ne voyons aucune différence entre les courants ordinaires et les courants dits de dérive, nous ne parlerons pas de ces derniers dans notre description succincte de la circulation océanique.

Dans l'Atlantique, le courant équatorial nord et le courant équatorial méridional se dirigent de l'est à l'ouest, de l'Afrique à la mer des Caraïbes avec une vitesse de 24 kilom pour le premier et de 30 kilom pour le second, par jour. Entre les deux, le courant de Guinée marche avec la vitesse moyenne de 28 kilom en sens opposé.

Au cap San Roque, commence le courant du Brésil, suivant la direction nord-sud, continué par le courant froid polaire de l'ouest à l'est et par le courant de Benguela, remontant du sud au nord la côte occidentale d'Afrique. Ce circuit est pénétré comme par un coin par le courant froid des Falkland qui longe la côte du Brésil jusqu'au-dessus de l'embouchure de la Plata.

Le principal courant de l'hémisphère septentrional et le plus étudié des courants du globe est le Gulf Stream qui sort du golfe du Mexique et s'étend jusqu'aux côtes européennes et à la mer de Barentz. On désigne aussi la portion comprise entre la Floride et les bancs de Terre-Neuve, où le mouvement très rapide des eaux se fait sentir en profondeur, sous le nom de courant de la Floride et alors on réserve celui de Gulf Stream au courant dû au mouvement superficiel des eaux réduites en nappe sans épaisseur après la rencontre du courant du Labrador au S. E. de l'île de Terre-Neuve et du courant de Cabot, entre Terre-Neuve et le Cap Breton.

La largeur du courant de la Floride oscille entre 90 et 190 kilom, sa profondeur varie entre 800 m au détroit de la Floride et 183 au nord des Bermudes ; sa vitesse moyenne est de 111 kilom. par jour. Transformé en Gulf Stream, il gagne les Açores, descend du nord au sud la côte d'Afrique, et l'intérieur de son circuit est occupé par l'espace calme de la mer des Sargasses.

La branche du Gulf-Stream qui pénètre dans l'océan du Nord si bien étudié par M. Mohn, y décrit d'un mouvement inverse un circuit autour d'un centre situé à peu près à égale distance de la côte de Norvège, de l'Islande et de l'île Jan Mayen. Le courant du Groënland descend du pôle, franchit le détroit du Danemark, contourne le cap Farewell, d'où, accompagné par une branche secondaire du Gulf-Stream venant du sud, il suit la côte occidentale du Groënland et redescend la mer de Baffin sous le nom de courant du Labrador. Ce dernier côtoie l'Amérique entre la terre et le courant de la Floride dont il est séparé par une très étroite zone immobile, le *cold wall*, ou muraille froide, et ne disparaît que vers le sud du cap Hatteras.

Il semblerait résulter des recherches [1] faites par le *Grampus*, de la marine des États-Unis en 1889, que le courant du Labrador acculé après le cap Hatteras entre la terre et le courant de la Floride sortant du canal de Bahama, se déverserait latéralement en profondeur et passerait en nappe au-dessous de celui-ci pour aller se perdre dans le centre de l'Atlantique.

Le Pacifique offre, dans ses traits principaux, la répétition de la circulation de l'Atlantique. On y trouve un courant équatorial septentrional et un courant équatorial méridional marchant de l'est à l'ouest et séparés par un contre-courant équatorial de l'ouest à l'est. La branche nord, dans son trajet, suit les côtes du Japon sous le nom de Kuro-Sivo ou fleuve noir à cause de la couleur foncée de ses eaux, et celles d'Amérique sous celui de courant de Californie avec des dérivations encore insuffisamment connues dans la mer d'Okhotsk, la mer de Behring et l'espace compris entre les iles Aléoutiennes et l'Alaska. La branche sud achève son circuit par les courants froids du cap Horn et du Pérou.

On remarque combien la circulation des courants à la surface de l'Océan se relie étroitement au régime régulier des vents.

Dans l'océan Indien, les moussons apportent un changement semestriel très net dans la marche des courants [2]. On retrouve du reste dans cet océan la disposition habituelle de deux courants équatoriaux, à la latitude de 12° S environ. Mais tandis que, toute l'année durant, la portion sud descend du nord au sud la côte orientale d'Afrique sous le nom de courant des Aiguilles et la côte de Madagascar sous le nom de courant de Madagascar pour remonter froid, du sud au nord, le long des côtes ouest d'Australie, la branche septentrionale pendant la mousson du N.-E. parcourt le golfe du Ben-

---

[1] J. Thoulet. *La campagne scientifique du schooner des États-Unis « Grampus » en* 1889. Bulletin de la Société de géographie, X, 138, 1890.

[2] *Indischer Ozean*, ein Atlas von 35 Karten, die physikalischen Verhältnisse und die Verkehrs-Strassen darstellend. Deutsche Seewarte; Hamburg, L. Friederichsen et C°, 1894.

gale d'un mouvement inverse, change de sens pendant la mousson de S.-W. et accomplit alors le même trajet d'un mouvement direct.

Dans la mer de Chine, le courant influencé par les moussons présente un changement de sens analogue.

La mer des Sargasses. — La mer des Sargasses, son existence, son étendue, les variations de ses limites, la nature, le mode de végétation, l'origine des plantes marines dont la présence la caractérise, ont fait l'objet d'un grand nombre de travaux et donné lieu à de nombreuses controverses. M. O. Krümmel[1] s'est livré récemment à l'étude de la question et l'a complètement élucidée après un examen sur place auquel il a pu se livrer pendant l'expédition du *Plankton*, en 1889, dont il faisait partie.

Si l'on dépouille par carrés de 5 degrés pour la région comprise entre l'Amérique, Terre-Neuve, les Açores, Madère, les Canaries, les îles du cap Vert et l'île Trinidad, les livres de bord des n navires qui ont parcouru cet espace en un même mois, on reconnaît que s d'entre eux ont noté la rencontre de sargasses. La probabilité de rencontre de ces plantes et par conséquent leur quantité, sera représentée pour 1 mois par la valeur $m = \dfrac{s}{n}$, pour une période trimestrielle ou saison par

$$T = \frac{1}{3}\,(m_1 + m_2 + m_3)$$

et pour une année par

$$A = \frac{1}{4}\,(T_1 + T_2 + T_3 + T_4).$$

Ce travail étant exécuté a permis de tracer par saison et par année les aires d'égale abondance des sargasses, c'est-à-dire d'égal nombre de fois où l'on a chance de trouver des sargasses sur 100 voyages; elles sont limitées par des courbes dites isophycodes qui, sur la carte de M. Krümmel (*fig.* 62) circonscrivent respectivement des aires d'égale probabilité comprises entre 0,3 à 1, 1 à 5, 5 à 10, et au-dessus de 10 pour cent.

---

[1] O. Krümmel. *Die nordatlantische, Sargassosee,* Petermanns Mitteilungen, XXXVII, 129, 1891.

Fig. 62.

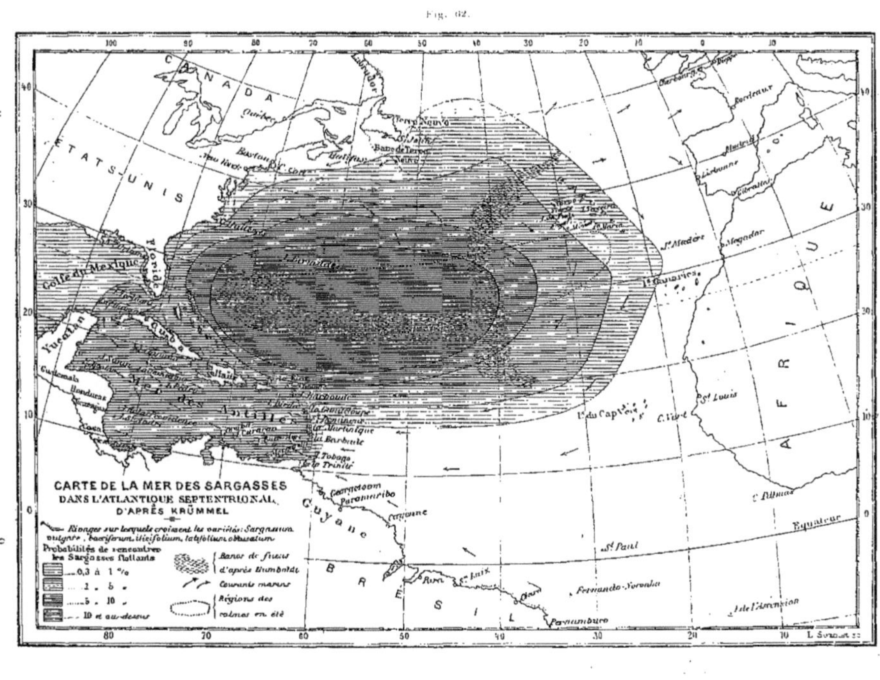

CANADA
ÉTATS-UNIS
Golfe du Mexique
Floride
Yucatan
Guatemala
Honduras
Cuba
Haïti
Antilles
des
Guadeloupe
Martinique
Barbade
Tobago
Trinité
Guyane
Paramaribo
Cayenne
BRÉSIL
Pernambuco
AFRIQUE
Bordeaux
Lisbonne
Gibraltar
Madère
Mogador
Canaries
St Louis
C. Vert
C. Blanc
Équateur
St Paul
Fernando-Noronha
I. de l'Ascension
CARTE DE LA MER DES SARGASSES
DANS L'ATLANTIQUE SEPTENTRIONAL,
D'APRÈS KRÜMMEL
Rivages sur lesquels croissent les variétés Sargassum
vulgare, bacciferum, ilicifolium, latifolium obtusatum
Probabilités de rencontrer
les Sargasses flottants
0,3 à 1 %
1 — 5 —
5 — 10 —
10 et au-dessus
Bancs de fucus
d'après Humboldt
Courants marins
Régions des
calmes en été

Il existe réellement au centre de l'Atlantique une vaste étendue d'eau couverte en quantité plus ou moins considérable de plantes flottantes appartenant aux espèces *Sargassum bacciferum, latifolium,* et *obtusatum,* tous les quatre identiques à *S. vulgare.*

Les sargasses croissent sur les côtes américaines depuis le cap Cod, sur les Bahama, les Antilles et tous les rivages baignés par la mer des Caraïbes jusqu'à l'île Trinidad. Leur habitat est indiqué par des hachures verticales. Arrachés aux rochers par les vagues, pendant les gros temps, ils sont entraînés par les courants et principalement par celui de la Floride ou Gulf Stream. Ils glissent sur sa pente extérieure qui, ainsi que M. Thoulet[1] l'a indiqué, descend doucement vers le centre de l'Atlantique et s'accumulent sur l'espace le plus bas, dépourvu de courant, au centre du cercle de circulation, se confondant presque avec l'aire des calmes pendant l'été, tracée en pointillé sur la carte. La véritable mer des Sargasses, bornée par l'isophycode de 10 %, aurait environ 4,44 millions de kilomètres carrés quoique ses limites, dépendant des courants, varient avec les saisons. Elles correspondent à peu près à celles des bancs de fucus observés par Humboldt et représentés sur la carte par des hachures horizontales.

Pendant leur voyage, accompli avec une vitesse variable et qui peut dépasser une année, les sargasses continuent à végéter bien que dans de mauvaises conditions, car le courant charrie en même temps que la plante l'enveloppe d'eau qui l'entoure et qui est bientôt épuisée de ses éléments nutritifs. Cette plante se trouve dans un état précaire qui explique la rareté de ses fructifications.

La limite des sargasses se trouve au S.-W. des Açores. Une plante supposée arrachée aux Bahama, met environ six mois à y parvenir en passant par le cap Hatteras. Les sargasses finissent de la même façon : les bryozoaires incrustent leurs vésicules de spicules calcaires qui les alourdissent et les font sombrer.

Bien qu'on trouve des plantes flottantes dans les divers océans et principalement dans le centre des circuits de courants, nulle part les conditions ne sont plus favorables à leur agglomération, c'est-

---

[1] J. Thoulet. *Observations sur le Gulf Stream et sur la mesure de la densité des eaux de mer ; considérations générales sur le régime des courants marins qui entourent l'île de Terre-Neuve.* Annales de chimie et de physique, 1888.

à-dire à l'existence d'une véritable mer des Sargasses que dans l'Atlantique nord. Le développement des côtes productrices est considérable sur un petit espace, le courant qui emporte les plantes est très resserré et très violent par suite de la configuration des terres, enfin l'aire de tranquillité demeure parfaitement immobile et délimitée justement par la force même des courants qui l'entourent.

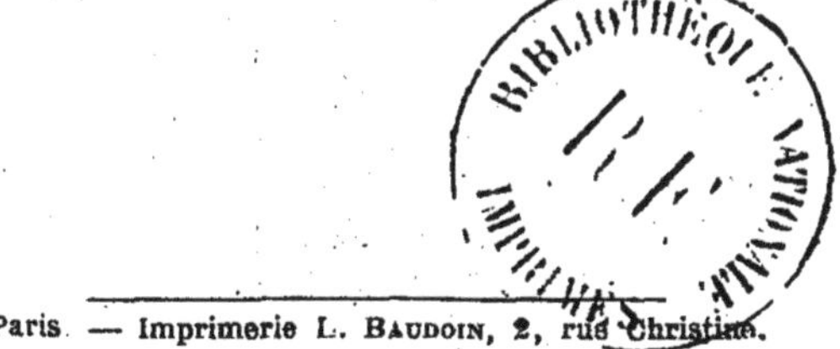

Paris. — Imprimerie L. BAUDOIN, 2, rue Christine.

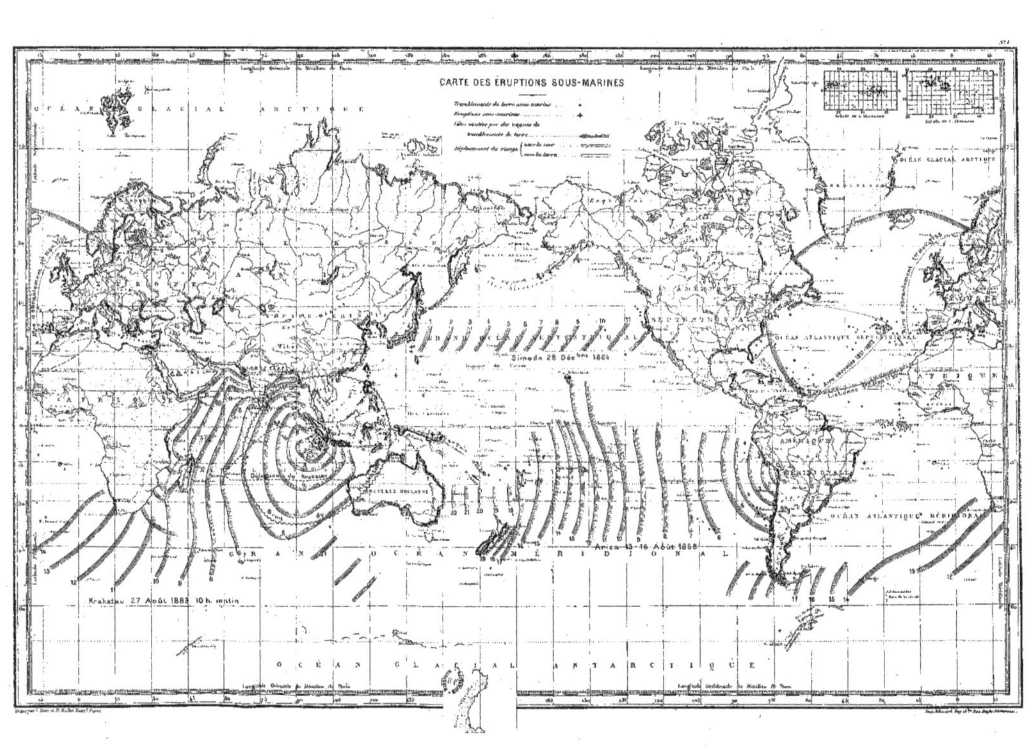

CARTE DES ÉRUPTIONS SOUS-MARINES
OCÉAN GLACIAL ARCTIQUE
OCÉAN GLACIAL ARCTIQUE
OCÉAN ATLANTIQUE SEPTENTRIONAL
OCÉAN ATLANTIQUE MÉRIDIONAL
GRAND OCÉAN MÉRIDIONAL
OCÉAN GLACIAL ANTARCTIQUE
NOUVELLE HOLLANDE
Simoda 28 Décbre 1854
Arica 13-16 Août 1868
Krakatau 27 Août 1883 10 h. matin

LA CIRCULATION OCÉANIQUE
Courants chauds
Courants froids
Courants de marée
La carte correspond à l'état des courants
pendant l'hiver de l'hémisphère nord
GLACIAL ARCTIQUE
GRAND OCÉAN SEPTENTRIONAL
OCÉAN ATLANTIQUE SEPTENTRIONAL
AFRIQUE
AMÉRIQUE DU NORD
AMÉRIQUE DU SUD
NOUVELLE HOLLANDE
GRAND OCÉAN MÉRIDIONAL
OCÉAN ATLANTIQUE MÉRIDIONAL
OCÉAN GLACIAL ANTARCTIQUE
Équateur
Tropique du Capricorne
MOUSSON D'ÉTÉ